IN◊TE◊GRA◊IS

VOLUME 3 **FUNÇÕES ANALÍTICAS**

Conselho Editorial da LF Editorial

Amílcar Pinto Martins - Universidade Aberta de Portugal

Arthur Belford Powell - Rutgers University, Newark, USA

Carlos Aldemir Farias da Silva - Universidade Federal do Pará

Emmánuel Lizcano Fernandes - UNED, Madri

Iran Abreu Mendes - Universidade Federal do Pará

José D'Assunção Barros - Universidade Federal Rural do Rio de Janeiro

Luis Radford - Universidade Laurentienne, Canadá

Manoel de Campos Almeida - Pontifícia Universidade Católica do Paraná

Maria Aparecida Viggiani Bicudo - Universidade Estadual Paulista - UNESP/Rio Claro

Maria da Conceição Xavier de Almeida - Universidade Federal do Rio Grande do Norte

Maria do Socorro de Sousa - Universidade Federal do Ceará

Maria Luisa Oliveras - Universidade de Granada, Espanha

Maria Marly de Oliveira - Universidade Federal Rural de Pernambuco

Raquel Gonçalves-Maia - Universidade de Lisboa

Teresa Vergani - Universidade Aberta de Portugal

GILSON HENRIQUE JUNIOR

VOLUME 3 FUNÇÕES ANALÍTICAS

2024

Copyright © 2024 o autor
1ª Edição

Direção editorial: Victor Pereira Marinho e José Roberto Marinho

Capa: Fabrício Ribeiro

Edição revisada segundo o Novo Acordo Ortográfico da Língua Portuguesa

Dados Internacionais de Catalogação na publicação (CIP)
(Câmara Brasileira do Livro, SP, Brasil)

Henrique Junior, Gilson
Integrais: funções analíticas: volume 3 / GilsonHenrique Junior. –
São Paulo: LF Editorial, 2024.

Bibliografia.
ISBN 978-65-5563-451-8

1. Cálculo integral - Estudo e ensino 2. Matemática - Estudo e ensino I. Título.

24-205073   CDD-510.7

Índices para catálogo sistemático:
1. Matemática: Estudo e ensino 510.7

Eliane de Freitas Leite - Bibliotecária - CRB 8/8415

Todos os direitos reservados. Nenhuma parte desta obra poderá ser reproduzida sejam quais forem os meios empregados sem a permissão da Editora.
Aos infratores aplicam-se as sanções previstas nos artigos 102, 104, 106 e 107 da Lei Nº 9.610, de 19 de fevereiro de 1998

LF Editorial
www.livrariadafisica.com.br
www.lfeditorial.com.br
(11) 2648-6666 | Loja do Instituto de Física da USP
(11) 3936-3413 | Editora

a meu pai,

Gilson Henrique,

Minha companheira,

Maria Claudia

e a meus avós,

paterno e materno,

Aquilles Henrique e

Carlos Cattony

Pela paciência, incentivo e inspiração.

Prefácio

Este trabalho é um fruto de uma quarentena devida ao Covid19 e de uma necessidade de síntese que me acompanha ao longo de toda uma vida como professor. Desde os tempos de faculdade, conservo o hábito de me manter atualizado em relação aos avanços nos campos da Matemática e da Física que me interessam, isso implica na leitura de publicações acadêmicas, revistas de divulgação, livros técnicos e mesmo sites de divulgação, onde se incluem, alguns canais do Youtube que também se dedicam ao assunto. No final de 2020, em um desses estudos de atualização, me vi obrigado a utilizar recursos não convencionais para resolver uma integral necessária à resolução do problema que estava engajado, e me dei conta o quanto dessas técnicas deixam de serem aprendidas por nossos universitários e jovens pesquisadores. Desde então, fiquei com a ideia de escrever um texto abordando o assunto. Ao consultar muitos dos materiais disponíveis, infelizmente, quase nenhum em nossa língua natal, percebi que muitos deles parecem tentar afastar de modo quase proposital o aluno curioso, seja de que nível for, pela sua complexidade e falta de didática. Lembrei de um professor do tempo de faculdade que descrevia, em tom de brincadeira, um matemático como sendo alguém que pesquisa um assunto por muito tempo, escreve muitas e muitas páginas e após chegar a uma conclusão, sintetiza toda a sua descoberta em uma única expressão, omitindo todo o trabalho de pesquisa anterior que possibilitou sua descoberta e as pessoas olham para aquela expressão e não fazem a menor ideia de onde aquilo surgiu. Foi o que vi em muitos textos, eu mesmo, apesar de alguma experiência em alguns tópicos, confesso que tive dificuldade em entender algumas passagens consideradas "óbvias" por alguns autores. Isso posto, mais a ideia de reapresentar algumas técnicas não tão conhecidas atualmente, me compeliram a começar a escrever, tendo o compromisso de procurar escrever de modo claro e didático, mantendo aquelas passagens consideradas desnecessárias por alguns colegas, procurando manter o rigor, sem contudo deixar que as justificativas de algumas passagens pertencentes mais a um texto de análise real ou complexa, obscurecessem o raciocínio principal. Após um extenso trabalho de pesquisa, fico feliz em dizer que algumas deduções ou conclusões complicadas, que outrora somente poderiam ser encontradas de forma sucinta em textos obscuros, eu pude encontrar de modo claro e objetivo na internet, em sites de divulgação e canais de YouTube, colocadas lá por colegas com o real intuito de divulgar o conhecimento e tentar lançar uma luz sobre coisas que foram sintetizadas muito tempo atrás e pertencem apenas ao domínio de poucos. Não sei se posso, no entanto, caracterizar esse texto como técnico, acredito que ele esteja no meio termo, entre um trabalho de divulgação matemática de nível técnico e o técnico propriamente dito. Após abordarmos as Funções Integrais e seus desdobramentos no segundo volume, senti a necessidade de incluir nesse estudo sobre integrais, algumas técnicas do Cálculo com Variáveis Complexas na resolução de integrais, no começo, acreditei que bastariam algumas poucas páginas, mas a medida em que fui incluindo exemplos de resolução, percebi que se trataria de mais um volume. Mantendo a ideia original, não podia simplesmente "entrar" direto nas aplicações das variáveis complexas, sem ao menos, uma introdução. Dessa forma, algum leitor, suficientemente interessado e sem conhecimento prévio do assunto, poderia aproveitar esta técnica para a resolução de integrais. Comecei, por tanto, das definições de funções analíticas, equações de Cauchy-Riemann, funções Exponenciais, Logarítmas, introduzindo a ideia dos ramos de corte, a Função Potência e as funções Trigonométricas. Tudo isso, para poder, finalmente, introduzir a Integral de Cauchy, com tudo o que ela traz, finalizando com o Teorema de Laurent e o Teorema dos Resíduos, o que nos permitiu resolver vários exemplos. Passamos em seguida para a resolução de Integrais Reais utilizando a teoria dos Resíduos, Integrais Impróprias e a apresentação do conceito de Valor Principal de Cauchy, e a resolução de diversas integrais utilizando uma diversidade de Caminhos, incluindo as esferas de Riemann e o cálculo de resíduos no infinito. Nos valemos ainda das funções complexas para abordar o Teorema da Função Inversa de Lagrange, as Integrais de Bernoulli, terminando com o cálculo da soma de algumas séries infinitas utilizando o Teorema dos Resíduos. Vale comentar que no apêndice, me permiti incluir alguns complementos sobre os números complexos, incluindo uma parte sobre a sua interpretação geométrica, e diversos exercícios clássicos, que apesar de sua suposta simplicidade, podendo ser introduzida no ensino médio, não deixa de ser bela e interessante. Espero realmente que esse texto possa ser útil tanto aos curiosos, como àqueles que trabalham com o assunto seja por mero diletantismo ou na busca de esclarecer algumas passagens "óbvias" que se encontram nos textos disponíveis. Desde já me desculpo por (muito) possíveis erros cometidos e fico grato se puderem indicá-los para mim a fim de que possam ser reparados.

Gilson Henrique Junior (aka Ike Orrico) São Paulo, outubro de 2021

Tabela de Derivadas

1) $y = x^n$	$y' = nx^{n-1}$
2) $y = \dfrac{1}{x^n}$	$y' = -\dfrac{n}{x^{n+1}}$
3) $y = \sqrt{x}$	$y' = \dfrac{1}{2\sqrt{x}}$
4) $y = a^x$	$y' = a^x \ln a,\ a > 0,\ a \neq 1$
5) $y = e^x$	$y' = e^x$
6) $y = \log_b x$	$y' = \dfrac{1}{b} \log_b e$
7) $y = \operatorname{sen} x$	$y' = \cos x$
8) $y = \cos x$	$y' = -\operatorname{sen} x$
9) $y = \operatorname{tg} x$	$y' = \sec^2 x$
10) $y = \sec x$	$y' = \sec x \operatorname{tg} x$
11) $y = \operatorname{cossec} x$	$y' = -\operatorname{cossec} x \operatorname{cotg} x$
12) $y = \operatorname{cotg} x$	$y' = -\operatorname{cossec}^2 x$
13) $y = \operatorname{sen}^{-1} x$	$y' = \dfrac{1}{\sqrt{1-x^2}}$
14) $y = \cos^{-1} x$	$y' = \dfrac{-1}{\sqrt{1-x^2}}$
15) $y = \operatorname{tg}^{-1} x$	$y' = \dfrac{1}{1+x^2}$
16) $y = \sec^{-1} x,\ \lvert x \rvert \geq 1$	$y' = \dfrac{1}{\lvert x \rvert \sqrt{x^2-1}},\ \lvert x \rvert > 1$
17) $y = \operatorname{cossec}^{-1} x,\ \lvert x \rvert \geq 1$	$y' = \dfrac{-x}{\lvert x \rvert \sqrt{x^2-1}},\ \lvert x \rvert > 1$
18) $y = f(x)^{g(x)}$	$y' = g(x) f(x)^{g(x)-1} f'(x) + f(x)^{g(x)} g'(x) \ln f(x)$
19) $y = f(x) g(x)$	$y' = f'(x) g(x) + f(x) g'(x)$
20) $y = \dfrac{f(x)}{g(x)}$	$y' = \dfrac{f'(x) g(x) - f(x) g'(x)}{\left[g(x) \right]^2}$
21) $y = \dfrac{1}{f(x)}$	$y' = \dfrac{-f'(x)}{\left[f(x) \right]^2}$
22) $y = \dfrac{a f(x) + b}{c f(x) + d}$	$y' = \dfrac{f'(x)(ad - bc)}{c f(x) + d}$
23) $z = f(x, y)$	$\dfrac{dy}{dx} = -\dfrac{\dfrac{\partial f}{\partial x}}{\dfrac{\partial f}{\partial y}}$

Tabela de Integrais

1) $\int dx = x + C$

2) $\int x^n dx = \dfrac{x^{n+1}}{n} + C$

3) $\int \sqrt{x}\, dx = \dfrac{2}{3} x^{\frac{3}{2}}$

4) $\int \sqrt[n]{x^m}\, dx = \int x^{\frac{m}{n}} dx = \left(\dfrac{n}{m+n}\right) x^{\left(\frac{m+n}{n}\right)} + C$

5) $\int \dfrac{1}{x}\, dx = \ln|x| + C$

6) $\int \dfrac{1}{x^2}\, dx = -\dfrac{1}{x} + C$

7) $\int \dfrac{1}{x^n}\, dx = \dfrac{x^{-n+1}}{(-n+1)} + C$

8) $\int a^x dx = \dfrac{a^x}{\ln a} + C$

9) $\int e^x dx = e^x + C$

10) $\int \log_b x\, dx = \dfrac{x}{\ln b}(\ln x - 1) + C = x \log_b x - \dfrac{x}{\ln b} + C$

11) $\int \ln x\, dx = x(\ln x - 1) + C$

12) $\int \operatorname{sen} x\, dx = -\cos x + C$

13) $\int \cos x\, dx = \operatorname{sen} x + C$

14) $\int \operatorname{tg} x\, dx = \ln|\sec x| + C$

15) $\int \sec x\, dx = \ln|\sec x + \operatorname{tg} x| + C$

16) $\int \operatorname{cossec} x\, dx = \ln|\operatorname{cossec} x - \operatorname{cotg} x| + C$

17) $\int \operatorname{cotg} x\, dx = \ln|\operatorname{sen} x| + C$

18) $\int \dfrac{1}{x^2 + a^2}\, dx = \dfrac{1}{a}\operatorname{tg}^{-1}\left(\dfrac{x}{a}\right) + C =$

19) $\int \dfrac{1}{x^2 - a^2}\, dx = \dfrac{1}{2a}\ln\left|\dfrac{x-a}{x+a}\right| + C = -\dfrac{1}{a}\operatorname{tgh}^{-1}\left(\dfrac{x}{a}\right) + C'$

20) $\int \dfrac{1}{a^2 - x^2}\, dx = \dfrac{1}{a}\operatorname{tgh}^{-1}\left(\dfrac{x}{a}\right) + C,\ x^2 < a^2$

21) $\int \dfrac{1}{a^2 - x^2}\, dx = \dfrac{1}{a}\operatorname{cotgh}^{-1}\left(\dfrac{x}{a}\right) + C,\ x^2 > a^2$

22) $\int \dfrac{1}{\sqrt{x^2 + a^2}}\, dx = \ln\left|x + \sqrt{x^2 + a^2}\right| + C_1 = \operatorname{senh}^{-1}\left(\dfrac{x}{a}\right) + C_2$

23) $\int \dfrac{1}{\sqrt{x^2 - a^2}}\, dx = \ln\left|x + \sqrt{x^2 - a^2}\right| + C_1 = \cosh^{-1}\left(\dfrac{x}{a}\right) + C_2$

24) $\displaystyle\int \frac{1}{\sqrt{a^2-x^2}}\,dx = \mathrm{sen}^{-1}\left(\frac{x}{a}\right)+C$	
25) $\displaystyle\int \frac{1}{x\sqrt{x^2-a^2}}\,dx = \frac{1}{a}\sec^{-1}\left|\frac{x}{a}\right|+C$	
26) $\displaystyle\int \frac{1}{x\sqrt{x^2+a^2}}\,dx = \frac{-1}{a}\mathrm{cossech}^{-1}\left|\frac{x}{a}\right|+C$	
27) $\displaystyle\int \frac{1}{x\sqrt{a^2-x^2}}\,dx = \frac{-1}{a}\mathrm{sech}^{-1}\left(\frac{x}{a}\right)+C$	
28) $\displaystyle\int \frac{1}{a+bx^2}\,dx = \begin{cases}\dfrac{1}{\sqrt{ab}}\,\mathrm{tg}^{-1}\left(\dfrac{x\sqrt{ab}}{a}\right)+C,\ ab>0 \\[3mm] \dfrac{1}{2\sqrt{-ab}}\ln\left(\dfrac{\sqrt{-bx}+\sqrt{a}}{\sqrt{-bx}-\sqrt{a}}\right)+C,\ a>0\ e\ b<0\end{cases}$	
29) $\displaystyle\int_0^\infty f(x)\,dx = \int_0^\infty \frac{f\left(\frac{1}{x}\right)}{x^2}\,dx$	
30) $\displaystyle\int f^{-1}(x)\,dx = x f^{-1}(x) - F\left(f^{-1}(x)\right)+C$	
31) $\displaystyle\int \mathrm{sen}^{-1} x\,dx = x\,\mathrm{sen}^{-1} x + \sqrt{1-x^2}+C$	
32) $\displaystyle\int \cos^{-1} x\,dx = x\cos^{-1} x - \sqrt{1-x^2}+C$	
33) $\displaystyle\int \mathrm{tg}^{-1} x\,dx = x\,\mathrm{tg}^{-1} x - \ln\left|\frac{1}{\sqrt{1+x^2}}\right|+C$	
34) $\displaystyle\int e^{ax}\,\mathrm{sen}\,bx\,dx = \frac{e^{ax}}{a^2+b^2}\left[a\,\mathrm{sen}\,bx - b\cos bx\right]$	
35) $\displaystyle\int \frac{a\,e^{nx}+b}{c\,e^{nx}+d}\,dx = \frac{b}{d}x + \frac{1}{n}\left(\frac{ad-bc}{cd}\right)\ln\left|c\,e^{nx}+d\right|+C$	
36) $\displaystyle\int \frac{ax+b}{cx+d}\,dx = \frac{a}{c}x - \left(\frac{ad-bc}{c^2}\right)\ln\left|cx+d\right|+C$	
37) $\displaystyle\int \frac{1}{a+b\cos^2 x}\,dx - \frac{1}{a}\left[\sqrt{\frac{a}{a+b}}\,\mathrm{tg}^{-1}\left(\sqrt{\frac{a}{a+b}}\,\mathrm{tg}\,x\right)\right]+C$	
38) $\displaystyle\int \frac{1}{a+b\,\mathrm{sen}^2 x}\,dx = \frac{1}{a+b}\left[\sqrt{\frac{a+b}{a}}\,\mathrm{tg}^{-1}\left(\sqrt{\frac{a+b}{a}}\,\mathrm{tg}\,x\right)\right]+C$	
39) $\displaystyle\int \frac{a\cos x+b\,\mathrm{sen}\,x}{c\cos x+d\,\mathrm{sen}\,x}\,dx = \left(\frac{ac+bd}{c^2+d^2}\right)x + \left(\frac{ad-bc}{c^2+d^2}\right)\ln\left|c\cos x+d\,\mathrm{sen}\,x\right|+C$	
40) $\displaystyle\int_0^\pi \mathrm{sen}\,ax\cos bx\,dx = \begin{cases}0,\ se\ a-b\ for\ par; \\[2mm] \dfrac{2a}{a^2-b^2},\ se\ a-b\ for\ ímpar\end{cases}$	
41) $\displaystyle\int \frac{1}{\left(x^2+a^2\right)\left(x^2+b^2\right)}\,dx = \frac{b\,\mathrm{tg}^{-1}\left(\frac{x}{a}\right) - a\,\mathrm{tg}^{-1}\left(\frac{x}{b}\right)}{ab\left(b^2-a^2\right)}+C$	

42) $\displaystyle\int \frac{1}{\left(x^2-a^2\right)\left(x^2-b^2\right)}dx = \frac{b\,\mathrm{tgh}^{-1}\left(\dfrac{x}{a}\right)-a\,\mathrm{tgh}^{-1}\left(\dfrac{x}{b}\right)}{ab\left(b^2-a^2\right)}+C$

43) $\displaystyle\int \frac{1}{\left(x^2+a^2\right)\left(x^2+b^2\right)\left(x^2+c^2\right)}dx = \frac{bc\left(b^2-c^2\right)\mathrm{tg}^{-1}\left(\dfrac{x}{a}\right)+ac\left(a^2-c^2\right)\mathrm{tg}^{-1}\left(\dfrac{x}{b}\right)+ab\left(a^2-b^2\right)\mathrm{tg}^{-1}\left(\dfrac{x}{c}\right)}{abc\left(a^2-b^2\right)\left(a^2-c^2\right)\left(b^2-c^2\right)}+C$

44) $\displaystyle\int \frac{1}{\left(x^2-a^2\right)\left(x^2-b^2\right)\left(x^2-c^2\right)}dx = \frac{bc\left(b^2-c^2\right)\mathrm{tgh}^{-1}\left(\dfrac{x}{a}\right)+ac\left(a^2-c^2\right)\mathrm{tgh}^{-1}\left(\dfrac{x}{b}\right)+ab\left(a^2-b^2\right)\mathrm{tgh}^{-1}\left(\dfrac{x}{c}\right)}{abc\left(a^2-b^2\right)\left(a^2-c^2\right)\left(b^2-c^2\right)}+C$

45) $\displaystyle\int W(x)\,dx = x\left[W(x)+\frac{1}{W(x)}-1\right]+C$, W é a função de Lambert

Índice

Prefácio, 7

Tabela de Derivadas, 9

Tabela de Integrais, 10

1) Funções Analíticas, 20
   I) Definições, 20

   II) Função Complexa, 20
   a) Verifique se a função $f(z) = \overline{z}$ possui derivada. 21

   III) Equações de Cauchy-Riemann, 22

   $$\frac{\partial u}{\partial x} = \frac{\partial v}{\partial y} \text{ e } \frac{\partial u}{\partial y} = -\frac{\partial v}{\partial x} \qquad \text{ou} \qquad u_x = v_y \text{ e } u_y = -v_x$$

   IV) Equações de Cauchy-Riemann em Coordenadas Polares, 23

   $$\frac{\partial u}{\partial r} = \frac{1}{r}\frac{\partial v}{\partial \theta} \text{ e } \frac{\partial v}{\partial r} = -\frac{1}{r}\frac{\partial u}{\partial \theta}$$

   V) Funções Analíticas ou Holomorfas, 23

   VI) Função Exponencial, 24

   VII) Função Logaritmo e a ideia de Ramos de Corte, 25

   VIII) Função Potência, 26

   IX) Funções Trigonométricas, 26

2) Integral de Cauchy, 28
   I) "Seja uma função $z(t)$, $z:[a,b] \subset \mathbb{R} \to \mathbb{C}$, $z = u(t) + v(t)i$, u e v contínuas em $[a,b]$. Define-se:

   $$\int_a^b z(t)\,dt = \int_a^b u(t) + v(t)i\,dt = \int_a^b u(t)\,dt + i\int_a^b v(t)\,dt \text{, onde}$$

   $$\operatorname{Re}\left(\int_a^b z(t)\,dt\right) = \int_a^b u(t)\,dt \text{ e } \operatorname{Im}\left(\int_a^b z(t)\,dt\right) = \int_a^b v(t)\,dt \text{ " , } 26$$

   II) Propriedade: $\left|\int_a^b z(t)\,dt\right| \leq \int_a^b |z(t)|\,dt$, 28

   III) Propriedade: $\left|\int_\gamma f(z)\,dz\right| \leq \int_\gamma |f(z)||dz| = \int_a^b |f(\gamma(t))||\gamma'(t)|\,dt$, 29

   a) $\int_0^1 (2t-3) + (t^2+1)i\,dt = -2 + \frac{4}{3}i$

IV) Teorema: "Seja f, $f: D_f \subset \mathbb{C} \to \mathbb{C}$, uma função contínua e $\gamma: [a,b] \subset \mathbb{R} \to D_f \subset \mathbb{C}$, uma curva suave de comprimento L e, para $M \geq 0$; $|f(\gamma(t))| \leq M$ então $\left| \int_\gamma f(z)\,dz \right| \leq ML$ para todo $z \in D_f$ ", 29

b) $\int_\gamma \dfrac{\pi}{z}\,dz = 2\pi^2 i$, $|z| = 4$

V) Teorema de Cauchy-Goursat[1] : "Seja f uma função analítica em uma região simplesmente conexa D então para cada curva de Jordan γ contida em D, $\oint_\gamma f(z)\,dz = 0$ ", 30

VI) Teorema de Morera[2] "Se f é uma função contínua em uma região simplesmente conexa D tal que $\oint_\gamma f(z)\,dz = 0$ para qualquer curva de Jordan γ contida em D, então f é analítica em D", 31

VII) Teorema de Cauchy-Goursat para Domínios N-Conexos[3]
"Sejam as curvas, $\gamma, \gamma_1, \gamma_2, \ldots, \gamma_{n-1}$ todas fechadas simples, com orientação positiva e tais que $\gamma, \gamma_1, \gamma_2, \ldots, \gamma_{n-1}$ seja interiores a γ e suas regiões interiores não possuam pontos em comum. Desse modo, se f for analítica em cada contorno de cada uma das curvas e em todos os pontos interiores a γ, exteriores às γ_k, k variando de 1 até n – 1, então $\oint_\gamma f(z)\,dz = \sum_{k=1}^{n-1} \oint_{\gamma_k} f(z)\,dz$ ", 31

VIII) Teorema da Integral de Cauchy: "Seja f uma função analítica definida em um domínio $D_f \subset \mathbb{C}$ e seja γ , a fronteira de seu domínio, uma curva de Jordan orientada positivamente, seja ainda z_0 um ponto do interior de γ

$$f(z_0) = \frac{1}{2\pi i} \int_\gamma \frac{f(z)}{z - z_0}\,dz , 29$$

IX) Corolário: Sejam satisfeitas as condições do teorema acima, então f têm derivadas de todas as ordens em todos os pontos de D_f e

$$f^{(n)}(z_0) = \frac{n!}{2\pi i} \int_\gamma \frac{f(z)}{(z - z_0)^{n+1}}\,dz , 31$$

c) $\int_{|z|=2} \dfrac{z-1}{z}\,dz = -2\pi i$

d) Idem ao item (b)

e) $\int_{|z|=2} \dfrac{e^{zi}}{(z-i)^3}\,dz = -\dfrac{\pi i}{e}$

f) $\int_\gamma \dfrac{\operatorname{sen} z}{z-i}\,dz = \pi \left(\dfrac{1}{e} - e \right)$, $\gamma: |z-i| = 1$

g) $\int_{|z|=2} \dfrac{1}{z^2+1}\,dz = 0$

---

[1] Em sua hipótese, Cauchy (1852), incluiu a necessidade da continuidade de $f'(x)$, sendo posteriormente provado por Goursat (1883) que essa hipótese não era necessária para a conclusão do teorema.
[2] Giacinto Morera (1856-1909) engenheiro e matemático italiano.
[3] Espaços N-Conexos possuem n – 1 "buracos", visto que um espaço simplesmente conexo não possui nenhum e um espaço duplamente conexo possui apenas um "buraco".

X) Teorema de Laurent[4]: 35

"Seja f uma função analítica na coroa circular $C(z_0, r, R) = \{z \in \mathbb{C} / 0 < r < |z - z_0| < R\}$, onde $r \geq 0$ e $R > 0$, então:

$$F(z) = \sum_{n=0}^{\infty} a_n (z - z_0)^n + \sum_{n=1}^{\infty} \frac{b_n}{(z - z_0)^n} = \underbrace{\ldots + \frac{b_2}{(z - z_0)^2} + \frac{b_1}{(z - z_0)^1}}_{Parte\ Principal} + \underbrace{a_0 + a_1(z - z_0)^1 + a_2(z - z_0)^2 + \ldots}_{Parte\ Analítica},$$

XI) Teorema dos Resíduos (Cauchy) – "Seja F uma função analítica definida em um domínio $D_F \setminus \{z_0, z_1, \ldots, z_{n-1}\}$, seja ainda $\gamma \subset D_F \setminus \{z_0, z_1, \ldots, z_{n-1}\}$ uma curva de Jordan, orientada no sentido anti-horário, tal que a região fechada e limitada por ela está contida em D_F e contém $\{z_0, z_1, \ldots, z_{n-1}\}$, então

$$\frac{1}{2\pi i} \int_{\gamma} F(z)\, dz = \sum_{k=0}^{n-1} \operatorname{Res}(F, z_k)",\ 35$$

Método para o Cálculo de Resíduos:

i. F possui um **Polo Simples** em $z = z_0$, 38

ii. F possui um **Polo de Ordem n** em $z = z_0$, 39

iii. F pode ser escrita como **cociente de duas funções**, 39

iv. Teorema: "Se F for uma função analítica par e possuir uma singularidade isolada na origem então $\operatorname{Res}(F, 0) = 0$", 39

v. Teorema: "F é uma função analítica com $\operatorname{Res}(F, z_0) = 0$ se e somente se z_0 é um polo removível", 39

h) $\displaystyle\int_{\gamma} \frac{z^2 - 2z}{z - 1}\, dz = -2\pi i$

i) $\displaystyle\int_{\gamma} \frac{4z - 3}{z(z - 1)}\, dz = 8\pi i$, $\gamma : |z - 0| = 2$

j) $\displaystyle\int_{\gamma} \frac{e^{-2z}}{z^3}\, dz = 4\pi i$

k) $\displaystyle\int_{|z|=1} tg\, z\, dz = -2\pi i$

l) $\displaystyle\int_{\gamma} \frac{1}{z^4\ 1}\, dz = \frac{\pi}{2}$, onde γ é a curva que percorre a borda do retângulo limitado pelas retas, $z = \frac{3}{2}$, $z = \frac{3}{2}i$, $z = -\frac{3}{2}$ $z = -\frac{1}{2}i$ no sentido positivo.

m) $\displaystyle\int_{|z|=1} \frac{\cos z}{z^2}\, dz = 0$

n) a) $\operatorname{Res}(tg\,\pi z, p) = -\frac{1}{\pi}$; b) Mostre que $\operatorname{Res}(f(z)\,tg\,\pi z, k) = f(k)\operatorname{Res}(tg\,\pi z, k)$, onde f é analítica em k; c) $\displaystyle\int_{|z|=2} \frac{tg\,\pi z}{z^2 + 5}\, dz = -25 i$

---

[4] Pierre Alphonse Laurent (1813-1854) engenheiro militar e matemático francês.

3) Resolução de Integrais Reais utilizando a Teoria dos Resíduos, 44

  I) Integrais Trigonométricas Reais: $\int_0^{2\pi} F(\cos\theta, \sen\theta)\, d\theta$, 44

  a) $\int_0^{2\pi} \dfrac{1}{3+2\sen\theta}\, d\theta = \dfrac{2}{\sqrt{5}}\pi$

  b) $\int_0^{2\pi} \dfrac{1}{\sen\theta+\cos\theta+1}\, d\theta$ diverge no intervalo de integração

  c) $\int_0^{2\pi} \dfrac{\sen 2\theta}{\sen\theta+\cos\theta+1}\, d\theta = -2\pi$

  d) $\int_0^{2\pi} \dfrac{\cos 2\theta}{5-3\cos\theta}\, d\theta = \dfrac{\pi}{18}$

  II) Cálculo de Integrais Impróprias: , 48
    i) Valor Principal de Cauchy, 48
    ii) Funções Racionais, contínuas em x (não dentadas): de $-\infty$ $\grave{a}$ $+\infty$, 49

  e) $\int_{-\infty}^{\infty} \dfrac{1}{x^4+1}\, dx = \dfrac{\sqrt{2}}{2}\pi$

  f) Se $a,b,c \in \mathbb{R}$ e $\Delta < 0$ então

    a) $\int_{-\infty}^{\infty} \dfrac{1}{ax^2+bx+c}\, dx = \dfrac{2\pi}{\sqrt{-\Delta}}$

    b) $\int_0^{\infty} \dfrac{1}{ax^2+bx+c}\, dx = \dfrac{2}{\sqrt{-\Delta}}\operatorname{tg}^{-1}\left(\sqrt{\dfrac{-\Delta}{b^2}}\right)$

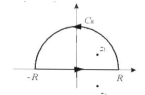

  g) $\int_{-\infty}^{\infty} \dfrac{x^2}{(x^2+1)^2(x^2+x+1)}\, dx = \dfrac{2\pi}{\sqrt{3}} - \pi$

  iii) Funções Racionais, Contínuas em x (não dentadas) de 0 $\grave{a}$ $+\infty$, 54

  h) $\int_0^{\infty} \dfrac{1}{x^3+1}\, dx = \dfrac{2\pi}{3\sqrt{3}}$

  i) $\int_0^{\infty} \dfrac{1}{x^n+1}\, dx = \dfrac{\pi}{n}\operatorname{cossec}\left(\dfrac{\pi}{n}\right)$ [5]

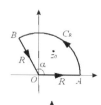

  j) $\int_{-\infty}^{\infty} \dfrac{e^x}{e^{5x}+1}\, dx = \dfrac{\pi}{5}\operatorname{cossec}\left(\dfrac{\pi}{5}\right)$

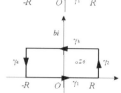

  k) $\int_{\gamma} \dfrac{e^{-z^2}}{1+e^{-2\sqrt{\pi i}\, z}}\, dz \to \int_{-\infty}^{\infty} e^{-z^2}\, dz = \sqrt{\pi}$

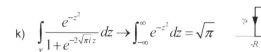

  l) $\int_{-\infty}^{\infty} \operatorname{sech}\alpha x\, dx = \dfrac{\pi}{\alpha}$

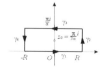

---

[5] Essa integral já foi calculada no tópico Função Gama.

iv) Integrais de Fourrier: $\int_{-\infty}^{\infty} F(x)\operatorname{sen}(\alpha x)dx$ ou $\int_{-\infty}^{\infty} F(x)\cos(\alpha x)dx$, (não dentadas), 66

- Desigualdade de Jordan, 66
- Lema de Jordan, 67

m) $\int_{-\infty}^{\infty} \dfrac{x\operatorname{sen} x}{x^2+a^2}dx = \dfrac{\pi}{e^a}$

n) Integrais de Fresnel:

$C = \int_0^{\infty} \cos(\alpha x^2)dx = \dfrac{1}{2}\sqrt{\dfrac{\pi}{2\alpha}}$ e

$S = \int_0^{\infty} \operatorname{sen}(\alpha x^2)dx = \dfrac{1}{2}\sqrt{\dfrac{\pi}{2\alpha}}$

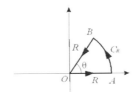

v) Funções com Singularidades no eixo x (dentada ou indentada): $-\infty \; \grave{a} \; +\infty$, 72

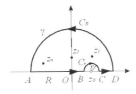

o) $\int_0^{\infty} \dfrac{\operatorname{sen} x}{x}dx = \dfrac{\pi}{2}$

p) $\int_{-\infty}^{\infty} \dfrac{\operatorname{sen} 2x}{x(x^2+1)^2}dx = \pi - \dfrac{2\pi}{e^2}$

q) $\int_{-\infty}^{\infty} \dfrac{\operatorname{sen} ax}{x(x^2+b^2)}dx = \dfrac{\pi(1-e^{-ab})}{b^2}$, $a \in \mathbb{R}_*^+$ e $b \in \mathbb{R}_*^+$

r) $\int_{-\infty}^{\infty} \dfrac{\cos x}{\pi^2-4x^2}dx = \dfrac{1}{2}$

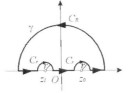

vi) Teorema do Caminho Restrito, 77

s) $\int_0^{\infty} \dfrac{\ln x}{x^n+1}dx = -\dfrac{\pi^2}{n^2}\operatorname{cotg}\left(\dfrac{\pi}{n}\right)\operatorname{cossec}\left(\dfrac{\pi}{n}\right)$

t) Idem

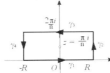

u) $\int_0^{\infty} \dfrac{\operatorname{sen}(x^n)}{x^n}dx = \begin{cases} \dfrac{\pi}{2},\; n=1 \\[2mm] \dfrac{\cos\left(\dfrac{\pi}{2n}\right)\Gamma\left(\dfrac{1}{n}\right)}{n-1},\; n>1 \end{cases}$

v) $\int_0^\infty \dfrac{x^3}{e^x - 1} dx = \dfrac{\pi^4}{15}$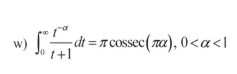

vii) Funções com Caminhos Indentados ao longo de linhas de Ramificação, 89

w) $\int_0^\infty \dfrac{t^{-\alpha}}{t+1} dt = \pi \operatorname{cossec}(\pi\alpha),\ 0 < \alpha < 1$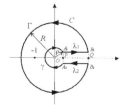

viii) A esfera de Riemann, 93

ix) Resíduos no Infinito, 94

x) Contorno tipo Osso de Cachorro (Dogbone), 96

x) $\int_0^3 \dfrac{x^{\frac{3}{4}}(3-x)^{\frac{1}{4}}}{5-x} dx = \dfrac{\sqrt{2}\pi}{4}\left(17 - 40^{\frac{3}{4}}\right)$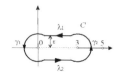

4) Teorema da Função Inversa de Lagrange, 104

$$w = g(z) = a + \sum_{n=1}^\infty g_n \dfrac{(z-f(a))^n}{n!},\ \text{onde}\ g_n = \lim_{w \to a}\left[\dfrac{d^{n-1}}{dw^{n-1}}\left(\dfrac{w-a}{f(w)-f(a)}\right)^n\right]$$

a) $W(z) = \sum\limits_{n=1}^\infty (-1)^{n-1} n^{n-1} \dfrac{z^n}{n!} = z - z^2 + \dfrac{3}{2}z^3 - \dfrac{8}{3}z^4 + \dfrac{125}{24}z^5 - \ldots$

b) a) $f^{-1}(w) = \dfrac{1}{2\pi i} \int\limits_{D(P,\varepsilon)} \dfrac{s f'(s)}{f(s) - w} ds$

b) $\operatorname{Res}\left(f^{-1}(w), \dfrac{s f'(s)}{f(s) - w}\right) = f^{-1}(w)$

5) Integrais de Bernoulli $\int_0^1 x^x dx$ e $\int_0^1 x^{-x} dx$[6], 106

$\int_0^1 x^x dx = \dfrac{1}{1^1} - \dfrac{1}{2^2} + \dfrac{1}{3^3} - \dfrac{1}{4^4} + \ldots = \sum\limits_{n=1}^\infty \dfrac{(-1)^{n-1}}{n^n}$

$\int_0^1 x^{-x} dx = \dfrac{1}{1^1} + \dfrac{1}{2^2} + \dfrac{1}{3^3} + \dfrac{1}{4^4} + \ldots = \sum\limits_{n=1}^\infty \dfrac{1}{n^n}$

a) $\int_0^1 \left(x^x\right)^{\left(x^x\right)^{\left(x^x\right)^{\cdots}}} dx = \dfrac{1}{2}\zeta(2) = 1 - \dfrac{1}{2^2} + \dfrac{1}{3^2} - \dfrac{1}{4^2} + \ldots = \dfrac{\pi^2}{12}$

---

[6] Dr Peyam. "Integral x^x from 0 to 1". (https://www.youtube.com/watch?v=A54_QPXdkU0)

6) Soma de Séries Infinitas utilizando o Teorema dos Resíduos, 110

Se $\dfrac{p(k)}{q(k)}$ é uma função racional irredutível de coeficientes reais tal que $\delta\left(q\left(x\right)\right) - \delta\left(p\left(x\right)\right) \geq 2$ então,

$$\sum_{k \in \mathbb{Z} \backslash \{z_j\}} \frac{p(k)}{q(k)} = -\sum_{j=1}^{n} \operatorname{Res}\left(\pi \operatorname{cotg}\left(\pi z\right) \frac{p(z)}{q(z)}, z_j \right)$$

$$\sum_{k \in \mathbb{Z} \backslash \{z_j\}} \left(-1\right)^{k} \frac{p(k)}{q(k)} = -\sum_{j=1}^{n} \operatorname{Res}\left(\pi \operatorname{cossec}\left(\pi z\right) \frac{p(z)}{q(z)}, z_j \right)$$

$$\sum_{k \in \mathbb{Z} \backslash \{z_j\}} \frac{p\left(\dfrac{2k+1}{2}\right)}{q\left(\dfrac{2k+1}{2}\right)} = \sum_{j=1}^{n} \operatorname{Res}\left(\pi \operatorname{tg}\left(\pi z\right) \frac{p\left(\dfrac{2k+1}{2}\right)}{q\left(\dfrac{2k+1}{2}\right)}, z_j \right)$$

$$\sum_{k \in \mathbb{Z} \backslash \{z_j\}} \left(-1\right)^{k} \frac{p\left(\dfrac{2k+1}{2}\right)}{q\left(\dfrac{2k+1}{2}\right)} = \sum_{j=1}^{n} \operatorname{Res}\left(\pi \sec\left(\pi z\right) \frac{p\left(\dfrac{2k+1}{2}\right)}{q\left(\dfrac{2k+1}{2}\right)}, z_j \right)$$

Onde os z_j são raízes de q (z).

a) $\displaystyle\sum_{k=0}^{\infty} \frac{1}{k^2+1} = \frac{\pi \operatorname{cotgh} \pi + 1}{2}$

b) $\displaystyle\sum_{k=2}^{\infty} \frac{1}{k^2-1} = \frac{3}{4}$

APÊNDICE

A) Números Complexos – Complementos, 119

B) Números Complexos – Interpretação Geométrica, 122

BIBLIOGRAFIA:

Livros, 131

Artigos e Trabalhos Acadêmicos, 142

1) Funções Analíticas

Antes de entrarmos propriamente nas aplicações da resolução de integrais por meio do uso dos números complexos, é importante expormos alguns conceitos da análise complexa, sem a pretensão de tornar esse texto em um texto de Cálculo com Variáveis Complexas, que darão suporte a oque veremos em sequência.

Com a finalidade de estruturarmos as nomenclaturas em se tratando dos complexos,

I) Definimos:

- **Vizinhança de um ponto** z_0 – como sendo o conjunto de pontos z, tal que para um determinado valor de ε, temos $|z - z_0| < \varepsilon$;
- **Vizinhança perfurada** ou **disco perfurado** em ponto z_0 – é o conjunto de todos os pontos de z que para um determinado valor de ε satisfaz $0 < |z - z_0| < \varepsilon$;
- **Ponto interior** de um conjunto, é aquele para o qual existe uma vizinhança do ponto que está contida no conjunto;
- **Ponto exterior** de um conjunto, é aquele para o qual existe uma vizinhança do ponto que não está contida no conjunto;
- **Ponto de fronteira** de um conjunto, é aquele que não é nem interior e nem exterior ao conjunto;
- **Ponto de acumulação** de um conjunto é aquele cuja qualquer vizinhança sua possua infinitos pontos do conjunto, dessa maneira tanto os pontos internos quanto os pontos de fronteira são pontos de acumulação.
- **Ponto Isolado** é qualquer ponto de um conjunto que não é ponto de acumulação;
- **Conjunto aberto** é aquele em que todos os seus pontos são interiores;
- **Conjunto fechado** é aquele que contém seus pontos de fronteira, ou ainda, aquele que contém todos os seus pontos de acumulação;
- **Conjunto conexo** é aquele em que para quaisquer dois pontos de seu interior, existe uma linha poligonal que os conecta e esta está inteiramente contida no conjunto;
- **Domínio ou Região** é um conjunto aberto não vazio, cuidado para não confundir domínio com domínio de função;
- **Conjunto limitado** é aquele para o qual existe um K, $K \in \mathbb{R}_+^*$, tal que o módulo de qualquer de seus elementos é menor ou igual a K;
- **Conjunto Compacto** é o conjunto que é limitado e fechado.

Definimos ainda,

II) **Função Complexa**, é uma regra que associa a cada elemento de um conjunto $A \subset \mathbb{C}$ um único elemento em $B \subset \mathbb{C}$, sendo denominado de domínio da função o conjunto A. Ou seja,

$$f(z) = w \; é \; uma \; aplicação \; de \; A \; em \; B, \; A, B \subset \mathbb{C} \Leftrightarrow \left\{ \forall z \in A, \exists \, | \, w \in B \, / \, (z, w) \in f \right\}$$

Escrevemos ainda,

$$f : A \to B$$
$$z \mapsto f(z) \; \text{ou}$$
$$(x, y) \mapsto (u, v)$$

Da última linha, vemos que f pode ser vista como uma transformação no plano, levando um conjunto de pontos (x, y) do plano complexo para outro (u, v).

As ideias de limite e continuidade são as mesmas do cálculo com mais de uma variável real, o que significa também que os limites e por consequência, as derivadas de uma função em um ponto nem sempre existirão, uma vez que temos uma infinidade de caminhos para ir de um ponto à outro no plano complexo, uma vez que ao invés de associarmos a cada valor de x um único valor de y, estaremos associando a cada ponto (x, y) do domínio complexo um único ponto (x', y') de sua imagem. Este "pequeno detalhe" pode causar grandes problemas, por exemplo quando pensamos no conceito de derivada. Geometricamente, ao pensarmos no conceito de derivada de uma função de uma variável real, imaginamos uma reta secante a função que vai "girando" em torno do ponto no qual se quer calcular a derivada até se tornar tangente à curva nesse ponto. No caso de uma função complexa, não se trata mais de uma curva, mas de uma superfície e como nas funções reais com múltiplas variáveis, surge o conceito de derivada direcional, o que no caso das variáveis complexas quer dizer que se a derivada no ponto escolhido tiver que depender do caminho, ou da direção escolhida, ela não existirá, pois seu limite não será único.

Observe o exemplo,

a) Verifique se a função $f(z) = \overline{z}$ possui derivada.

Solução:

Pela definição de derivada, temos,

$$f'(z) = \lim_{\Delta z \to 0} \frac{f(z + \Delta z) - f(z)}{\Delta z} \text{ , assim,}$$

$$f'(z) = \lim_{\Delta z \to 0} \frac{f(z + \Delta z) - f(z)}{\Delta z} = \lim_{\Delta z \to 0} \frac{\overline{z + \Delta z} - \overline{z}}{\Delta z} = \lim_{\Delta z \to 0} \frac{\overline{z} + \overline{\Delta z} - \overline{z}}{\Delta z} ..$$

$$f'(z) = \lim_{\Delta z \to 0} \frac{\overline{\Delta z}}{\Delta z} \text{ , reescrevendo em função de } x \text{ e } y,$$

$$f'(z) = \lim_{\Delta z \to 0} \frac{\overline{\Delta z}}{\Delta z} = \lim_{\substack{x \to 0 \\ y \to 0}} \frac{\Delta x - \Delta y\, i}{\Delta x + \Delta y\, i} = \lim_{\substack{x \to 0 \\ y \to 0}} \frac{\Delta x - \Delta y\, i}{\Delta x + \Delta y\, i}\left(\frac{\Delta x - \Delta y\, i}{\Delta x - \Delta y\, i}\right) = \lim_{\substack{x \to 0 \\ y \to 0}} \frac{\left(\Delta x\right)^2 - \left(\Delta y\right)^2 - 2\Delta x \Delta y\, i}{\left(\Delta x\right)^2 + \left(\Delta y\right)^2}$$

Podemos efetuar esse limite de duas maneiras distintas, ou primeiro calculando o limite para Δx indo para zero e em seguida calculando o limite de Δy indo para zero ou fazermos o contrário, observe:

I) $f'(z) = \lim_{\substack{x \to 0 \\ y \to 0}} \frac{\left(\Delta x\right)^2 - \left(\Delta y\right)^2 - 2\Delta x \Delta y\, i}{\left(\Delta x\right)^2 + \left(\Delta y\right)^2} - \lim_{y \to 0}\left[\lim_{x \to 0} \frac{\left(\Delta x\right)^2 - \left(\Delta y\right)^2 - 2\Delta x \Delta y\, i}{\left(\Delta x\right)^2 + \left(\Delta y\right)^2}\right] - \lim_{y \to 0}\left[\frac{-\left(\Delta y\right)^2}{\left(\Delta y\right)^2}\right] = -1$

Ou

II) $f'(z) = \lim_{\substack{x \to 0 \\ y \to 0}} \frac{\left(\Delta x\right)^2 - \left(\Delta y\right)^2 - 2\Delta x \Delta y\, i}{\left(\Delta x\right)^2 + \left(\Delta y\right)^2} = \lim_{x \to 0}\left[\lim_{y \to 0} \frac{\left(\Delta x\right)^2 - \left(\Delta y\right)^2 - 2\Delta x \Delta y\, i}{\left(\Delta x\right)^2 + \left(\Delta y\right)^2}\right] = \lim_{x \to 0}\left[\frac{\left(\Delta x\right)^2}{\left(\Delta x\right)^2}\right] = 1$

Como podemos comprovar, os limites em (I) e em (II) diferem, por tanto, não existe a derivada da função.

Para o estudo do cálculo com variáveis complexas, é muito importante que possamos determinar quais funções terão ou não derivadas e classificar esse tipo de função. Para isso, seja uma função $f : \mathbb{C} \to \mathbb{C}$, $f(\underbrace{x + yi}_{z}) = u(x, y) + v(x, y)i$, $u : \mathbb{R}^2 \to \mathbb{R}$, $v : \mathbb{R}^2 \to \mathbb{R}$, vamos calcular a sua derivada:

$$f'(z) = \lim_{\Delta z \to 0} \frac{f(z + \Delta z) - f(z)}{\Delta z}$$

$$f'(z) = \lim_{\substack{\Delta x \to 0 \\ \Delta y \to 0}} \frac{f\left(x + \Delta x + \left(y + \Delta y\right)i\right) - f\left(x + yi\right)}{\Delta x + \Delta y\, i}$$

$$f'(z) = \lim_{\substack{\Delta x \to 0 \\ \Delta y \to 0}} \frac{u\left(x + \Delta x, y + \Delta y\right) + v\left(x + \Delta x, y + \Delta y\right)i - u\left(x, y\right) - v\left(x, y\right)i}{\Delta x + \Delta y\, i}$$

$$f'(z) = \lim_{\substack{\Delta x \to 0 \\ \Delta y \to 0}} \frac{u\left(x + \Delta x, y + \Delta y\right) - u\left(x, y\right)}{\Delta x + \Delta y\, i} + \frac{v\left(x + \Delta x, y + \Delta y\right) - v\left(x, y\right)}{\Delta x + \Delta y\, i}\, i$$

Da mesma maneira que fizemos no exercício anterior, podemos dividir a continuação do cálculo em dois, primeiro efetuando o limite para quando x tende a zero e depois y e segundo com y tendendo a zero primeiro e depois x e depois podemos comparar os dois,

I) $f'(z) = \lim\limits_{\Delta x \to 0}\left[\lim\limits_{\Delta y \to 0} \dfrac{u\left(x + \Delta x, y + \Delta y\right) - u\left(x, y\right)}{\Delta x + \Delta y\, i} + \dfrac{v\left(x + \Delta x, y + \Delta y\right) - v\left(x, y\right)}{\Delta x + \Delta y\, i}\, i\right]$

$$f'(z) = \lim_{\Delta y \to 0} \frac{1}{i}\frac{u\left(x, y + \Delta y\right) - u\left(x, y\right)}{\Delta y\, i} + \frac{v\left(x, y + \Delta y\right) - v\left(x, y\right)}{\Delta y\, i} = -i\frac{\partial u}{\partial y} + \frac{\partial v}{\partial y}$$

$$\boxed{f'(z) = \frac{\partial v}{\partial y} - i\frac{\partial u}{\partial y}}$$

II) $f'(z) = \lim\limits_{\Delta y \to 0}\left[\lim\limits_{\Delta x \to 0} \dfrac{u\left(x + \Delta x, y + \Delta y\right) - u\left(x, y\right)}{\Delta x + \Delta y\, i} + \dfrac{v\left(x + \Delta x, y + \Delta y\right) - v\left(x, y\right)}{\Delta x + \Delta y\, i}\, i\right]$

$$f'(z) = \lim_{\Delta x \to 0} \frac{u\left(x + \Delta x, y\right) - u\left(x, y\right)}{\Delta x} + \frac{v\left(x + \Delta x, y\right) - v\left(x, y\right)}{\Delta x}\, i = \frac{\partial u}{\partial x} + \frac{\partial v}{\partial x}\, i$$

$$\boxed{f'(z) = \frac{\partial u}{\partial x} + \frac{\partial v}{\partial x}\, i}$$

Para que a derivada exista, devemos ter (I) = (II), assim,

$\dfrac{\partial v}{\partial y} - i\dfrac{\partial u}{\partial y} = \dfrac{\partial u}{\partial x} + \dfrac{\partial v}{\partial x}\, i$, por tanto,

$$\boxed{\frac{\partial u}{\partial x} = \frac{\partial v}{\partial y} \text{ e } \frac{\partial u}{\partial y} = -\frac{\partial v}{\partial x}} \quad \text{ou} \quad \boxed{u_x = v_y \text{ e } u_y = -v_x}$$

Essas são condições necessárias para que uma função possua derivada e são conhecidas como:

III)   Equações de Cauchy-Riemann

Pode-se mostrar que,

$$IV)\ \frac{\partial u}{\partial r} = \frac{1}{r}\frac{\partial v}{\partial \theta} \quad e \quad \frac{\partial v}{\partial r} = -\frac{1}{r}\frac{\partial u}{\partial \theta}$$

São as equações de **Cauchy-Riemann** em coordenadas polares

Observe que essas equações não garantem que uma função complexa seja diferenciável, mas dizem que se uma função não satisfizer as equações, ela não é.

Vale dizer que assim como no cálculo real, se a função for diferenciável em um ponto, ela é contínua nesse ponto[7].

Para que possamos garantir a diferenciabilidade de uma função complexa, é necessário ainda que as derivadas parciais das equações de Cauchy-Riemann sejam contínuas (omitiremos a demonstração). Sintetizando o que vimos então:

"Seja uma função complexa $f(z) = u(x,y) + v(x,y)i$, com $u(x,y)$ e $v(x,y)$ funções reais com derivadas parciais contínuas em uma determinada região, podemos afirmar que se as equações de Cauchy-Riemann forem satisfeitas, a função será diferenciável nessa região."

Ainda,

V) Funções Analíticas ou Holomorfas

Se uma função for diferenciável em todos os pontos de seu domínio, ela será denominada de função **Analítica** ou função **Holomorfa.** Assim, definimos,

Função Analítica ou **Holomorfa**: dada uma função f, definida em um subconjunto aberto de $\mathbb{C}$ em $\mathbb{C}$, está é diferenciável em todos os pontos de seu domínio, o que significa dizer que existe o limite $f'(z_0) = \lim\limits_{z \to z_0} \dfrac{f(z) - f(z_0)}{z - z_0}$ existe para todo o z_0 de seu domínio. Denominamos **Função Inteira** aquela que é analítica em todos os pontos do plano complexo.

Uma função é analítica em um ponto somente se for analítica na vizinhança desse ponto, se uma função não for analítica em um ponto, mas for analítica em sua vizinhança, esse ponto é chamado de **ponto singular** ou **singularidade**, chamamos de **Função Meromorfa**, a função que é analítica (holomorfa) em todos os pontos de seu domínio exceto em conjunto finito de singularidades isoladas.

As denominadas **singularidades isoladas**, aquelas em que exite uma vizinhança restrita em cada ponto singular, de modo que a função seja analítica. **Se** uma função possui um número finito de

---

[7] $\lim\limits_{z \to z_o}\left[f(z) - f(z_o)\right] = \lim\limits_{z \to z_o}\dfrac{f(z) - f(z_o)}{z - z_o}.(z - z_o) = \lim\limits_{z \to z_o}\dfrac{f(z) - f(z_o)}{z - z_o}.\lim\limits_{z \to z_o}(z - z_o)$, como ambos os limites existem,

$\lim\limits_{z \to z_o}\left[f(z) - f(z_o)\right] = f'(z_o).0 = 0$, por tanto a função é contínua em z_0.

singularidades em seu domínio, essas singularidades **serão** isoladas. Se, no entanto, qualquer vizinhança de um ponto singular, contiver outras singularidades, ela é denominada **singularidade não-isolada**.

Ex.:

- $f(z) = \dfrac{1}{z}$, a função não é analítica em $z = 0$, o ponto $z = 0$ é uma **singularidade isolada**;

- $f(z) = \dfrac{1}{(z-1)^3}$, a função não é analítica em $z = 1$, o ponto $z = 1$ é uma **singularidade**;

- $f(z) = |z|$, a função não é analítica em nenhum ponto, por tanto, ela **não tem singularidades.**

Vale notar que existem funções que possuem derivadas apenas em alguns pontos isolados e de acordo com a definição, essas funções não são analíticas.

Através da definição podemos provar que a soma, o produto e o quociente, nos pontos nos quais o denominador não se anule, de duas funções analíticas será também analítica. Além das funções constantes, que possuem derivada igual a zero, os polinômios são o exemplo mais simples de funções analíticas, seguidos pelas funções racionais, analíticas nos pontos nos quais o denominador não se anula, e as demais funções elementares, uma vez que tenham seu conceito estendido para o plano complexo.

VI) **Função Exponencial**

A função exponencial é uma função inteira, ou seja, analítica em todo o plano complexo, verifique. Ainda,

De $f(z) = e^z$ e $z = x + yi$, segue,

$e^z = e^{x+yi} = e^x e^{yi} = e^x \left(\cos y + i \operatorname{sen} y \right)$, na forma polar,

$e^z = e^{x+yi} = e^x e^{yi} = \rho e^{i\theta} \therefore \rho = e^x = |z|$ e $y = \theta + 2n\pi$, ou seja,

$\arg(z) = y + 2k\pi$, $n \in \mathbb{Z}$, a função exponencial é periódica em y de período $2\pi i$.

VII) Função Logaritmo e a ideia de Ramos de Corte

Uma vez que a função exponencial e a função logaritmo são inversas uma da outra, nada mais natural que tentarmos definir a função logaritmo a partir da função exponencial,

$w = f(z)$, onde $e^w = z \Rightarrow w = \log z$, onde $w = f(z) = f(x + yi) = u + vi$, assim,

$e^w = z \Rightarrow e^{u+vi} = x + yi$, na forma polar, $e^{u+vi} = \rho\, e^{i\theta} \therefore \rho = e^u = |z|$ e $v = \theta + 2k\pi = \arg(z)$

Assim, definimos[8], $\boxed{\log z = \ln|z| + i\arg(z)}$

Observe que essa função não é a mesma função $\ln x$ definida para os números reais, observe,

Para $z = x + 0i$, $x > 0$, temos, $\log x = \ln x + i\arg(z) = \ln x + (0 + 2k\pi)i$, $k \in \mathbb{Z}$, ou seja, para um valor de x real positivo, obtemos infinitos valores para $\log x$, um para cada valor de k, por tanto, a função logaritmo complexa é plurívoca ou multivalente.

Por conta disso, temos,

$e^{\log z} \neq \log e^z$, observe,

$$
\begin{array}{c|c}
e^{\log z} & \log e^z \\
e^{\ln|z| + i\arg(z)} & \ln|e^z| + i\arg(e^z) \\
e^{\ln|z|}e^{i\arg(z)} & \ln|e^x| + i(y + 2k\pi) \\
|z|e^{i\arg(z)} & \ln e^x + i(y + 2k\pi) \\
z & x + yi + 2k\pi \\
 & z + 2k\pi
\end{array}
$$

Para que possamos ter uma igualdade, teremos de ter $k = 0$, então da mesma maneira que fomos obrigados a diferenciar $\arg(z) = \theta + 2k\pi$ por $\mathrm{Arg}(z) = \theta$ (valor principal do argumento de z) vamos diferenciar o logaritmo de z do valor principal do logaritmo de z, observe:

$$\boxed{\begin{array}{l} \log z = \mathrm{Log}\, z + 2k\pi i,\ k \in \mathbb{Z} \\[2mm] \mathrm{Log}\, z = \ln|z| + i\,\mathrm{Arg}(z) \end{array}}$$, onde $\mathrm{Log}\, z$ é o valor principal do logaritmo de z,

Agora podemos reescrever a relação anterior de modo correto, para $z = x + 0i$, $x > 0$

$e^{\log z} = \mathrm{Log}\, e^z$, ainda, nas mesmas condições, $\mathrm{Log}\, x = \ln x$

Para tornarmos a função logaritmo univalente devemos restringir o argumento genérico $\theta = \theta_0 + 2k\pi$ para um intervalo $2k\pi \leq \theta < 2(k+1)\pi$, $k \in \mathbb{Z}$, onde cada valor de k nos leva, ao que denominamos, uma nova determinação ou ramo da função logaritmo, e a cada volta a função retorna ao seu ciclo anterior incrementada de 2π. Em particular, quando $k = 0$, chamamos a primeira volta de ramo

---

[8] Algumas fontes usam a notação log para indicar o logaritmo na base dez, o que não é o caso aqui.

principal e ao raio limite que determina o fim de uma volta e o início de outra denomina-se *ramo de corte* e, a origem dos eixos, que é onde todos os ramos se encontram, denominamos *ponto de ramificação* ou *ponto de corte*.

Podemos escolher qualquer intervalo de comprimento 2π como ramo principal, $0 \leq \theta < 2\pi$, $-\pi \leq \theta < \pi$, ou, de modo genérico, $\alpha \leq \theta < \alpha + 2\pi$. De qualquer maneira estaremos introduzindo descontinuidades à função logaritmo ao longo do raio pela origem e de argumento α, dizemos que o plano foi cortado ao longo do raio $z = \rho e^{i\alpha}$.

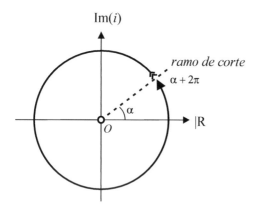

A função exponencial é a função inversa da função logaritmo, mas para isso devemos estipular que o domínio da função exponencial seja uma faixa horizontal de largura 2π que corresponda a imagem do logaritmo.

VIII) Função Potência

Definimos a função potência como, $\boxed{z^{\alpha} = e^{\alpha \log z}}$,

Seu valor principal $\boxed{\text{VP}(z^{\alpha}) = e^{\alpha \text{Log} z}}$ que define o **ramo principal** de z^{α}, para os valores da função nos demais ramos,

$$z^{\alpha} = e^{\alpha \log z} = e^{\alpha(\text{Log} z + 2k\pi i)} = e^{\alpha \text{Log} z} e^{2k\pi i} = \text{VP}(z^{\alpha})e^{2k\pi i} \Rightarrow \boxed{z^{\alpha} = \text{VP}(z^{\alpha})e^{2k\pi i}}$$

Número de ramos distintos em função de α,

Para $\alpha = \dfrac{p}{q}$, $p, q \in \mathbb{Z}$; $mdc(p,q) = 1$, teremos q ramos distintos (k variando de 0 até $q - 1$), já se α for irracional, teremos infinitos ramos distintos.

Observação: Uma função exponencial em uma base α deve ser escrita como $f(z) = \alpha^{z} = e^{z \log \alpha}$.

IX) Funções Trigonométricas

Da forma polar e trigonométrica de um número complexo z, segue,

$\rho e^{i\theta} = \rho(\cos\theta + i\,\text{sen}\,\theta) \Leftrightarrow e^{i\theta} = \cos\theta + i\,\text{sen}\,\theta$

$$\begin{cases} e^{i\theta} = \cos\theta + i\,\mathrm{sen}\,\theta \\ e^{-i\theta} = \cos\theta - i\,\mathrm{sen}\,\theta \end{cases} \Leftrightarrow \boxed{\cos\theta = \frac{e^{i\theta} + e^{-i\theta}}{2}}$$
$$\overline{e^{i\theta} + e^{-i\theta} = 2\cos\theta}$$

analogamente, $\boxed{\mathrm{sen}\,\theta = \dfrac{e^{i\theta} - e^{-i\theta}}{2i}}$

Definimos então as seguintes funções inteiras,

$$\boxed{\mathrm{sen}\,z = \frac{e^{iz} - e^{-iz}}{2i} \quad \text{e} \quad \cos z = \frac{e^{iz} + e^{-iz}}{2}}$$

As demais identidades e relações usuais permanecem válidas.

$$\mathrm{sen}^2\,z + \cos^2\,z = 1$$

$$\mathrm{tg}\,z = \frac{\mathrm{sen}\,z}{\cos z}$$

$$\mathrm{sen}\,(-z) = -\mathrm{sen}\,z, \; \cos(-z) = \cos z$$

$$\mathrm{sen}\,(u \pm v) = \mathrm{sen}\,u \cos v \pm \mathrm{sen}\,v \cos u$$

$$\cos(u \pm v) = \cos u \cos v \mp \mathrm{sen}\,u\,\mathrm{sen}\,v$$

$$\sec z = \frac{1}{\cos z}, \; \cos z \neq 0$$

$$\mathrm{cossec}\,z = \frac{1}{\mathrm{sen}\,z}, \; \mathrm{sen}\,z \neq 0$$

$$\mathrm{cotg}\,z = \frac{\cos z}{\mathrm{sen}\,z}, \; \mathrm{sen}\,z \neq 0$$

$$\mathrm{tg}^2\,z + 1 = \sec^2 z$$

$$\mathrm{cotg}^2\,z + 1 = \mathrm{cossec}^2\,z$$

2) **Integral de Cauchy**

Uma vez definido o tipo de funções que iremos trabalhar e termos discutido sua diferenciabilidade e por conseguinte, sua continuidade, vamos voltar nossa atenção às integrais:
- Integral Definida de $\mathbb{R}$ em $\mathbb{C}$:

I) Seja uma função $z(t)$, $z:[a,b] \subset \mathbb{R} \to \mathbb{C}$, $z = u(t) + v(t)i$, u e v contínuas em $[a,b]$. Define-se:

$$\int_a^b z(t)\,dt = \int_a^b u(t) + v(t)i\,dt = \int_a^b u(t)\,dt + i\int_a^b v(t)\,dt \text{, onde}$$

$$\text{Re}\left(\int_a^b z(t)\,dt\right) = \int_a^b u(t)\,dt \text{ e } \text{Im}\left(\int_a^b z(t)\,dt\right) = \int_a^b v(t)\,dt$$

II) Propriedade: $\boxed{\left|\int_a^b z(t)\,dt\right| \le \int_a^b |z(t)|\,dt}$

Demonstração:

Se $\left|\int_a^b z(t)\,dt\right| = 0$, não há o que provarmos, caso contrário, existe um θ, $0 \le \theta \le 2\pi$, tal que

$$\frac{\int_a^b z(t)\,dt}{\left|\int_a^b z(t)\,dt\right|} = e^{i\theta} \text{ será um versor, onde}$$

$$\frac{\int_a^b z(t)\,dt}{\left|\int_a^b z(t)\,dt\right|} = e^{i\theta} \Rightarrow \left|\int_a^b z(t)\,dt\right| = \underbrace{e^{-i\theta}}_{cte}\int_a^b z(t)\,dt = \int_a^b e^{-i\theta} z(t)\,dt \text{ é um número real, assim,}$$

$$\left|\int_a^b z(t)\,dt\right| = \text{Re}\left(\int_a^b e^{-i\theta} z(t)\,dt\right) = \int_a^b \text{Re}\left(e^{-i\theta} z(t)\right)dt \le \int_a^b \left|\text{Re}\left(e^{-i\theta} z(t)\right)\right|dt \le \int_a^b \left|e^{-i\theta} z(t)\right|dt$$

$$\left|\int_a^b z(t)\,dt\right| \le \int_a^b \left|e^{-i\theta} z(t)\right|dt \le \int_a^b \underbrace{\left|e^{-i\theta}\right|}_{1}|z(t)|\,dt \le \int_a^b |z(t)|\,dt$$

$\square$

a) Calcule a integral $\int_0^1 (2t - 3) + (t^2 + 1)i\,dt$

$$\int_0^1 \underbrace{(2t - 3)}_{u(t)} + \underbrace{(t^2 + 1)}_{v(t)}i\,dt = \int_0^1 (2t - 3)\,dt + i\int_0^1 (t^2 + 1)\,dt = -2 + \frac{4}{3}i$$

- Integral de Linha ou de Contorno definida de $\gamma : \mathbb{C}$ em $\mathbb{C}$:

Antes de tratarmos da integral propriamente dita, vamos colocar algumas definições que serão utilizadas durante o capítulo.

Seja uma função $\gamma(t) = x(t) + i\, y(t)$, $\gamma : [a,b] \subset \mathbb{R} \to \mathbb{C}$, $a \leq b$, dizemos que $\gamma(t)$ é uma **curva suave** ou regular, quando as funções x e y possuem derivadas contínuas no intervalo $[a, b]$ e o vetor dado por $\gamma'(t)$ não se anula nesse intervalo; se a curva $\gamma(t)$ for constituída por uma sucessão de curvas suaves, dizemos que ela é **suave por partes** ou seccionalmente suave. Da forma que foi definida a função $\gamma(t)$, dizemos que ela é orientada no sentido de $\gamma(a)$ para $\gamma(b)$, a **inversão do sentido** será representado por $-\gamma = (-\gamma)(t) = \gamma(a+b-t)$, $t \in [a,b]$, se $\gamma(a) = \gamma(b)$, dizemos que é uma **curva fechada**, se seu sentido de percurso for anti-horário, dizemos que temos um **sentido positivo,** caso contrário o sentido será negativo. Ainda, se $\gamma(t_1) \neq \gamma(t_2)$ toda a vez em que $t_1 \neq t_2$, dizemos que é uma **curva simples** (ela não passa sobre si mesma) e finalmente, se uma curva é simples e fechada ela denomina-se **curva de Jordan.**

Quanto ao tipo de conjunto que iremos utilizar para definirmos alguns domínios de função, denominamos **domínio simplesmente conexo** àquele representado pelo interior de uma curva fechada simples (sem buracos), ou em outras palavras pode se contrair à um ponto de seu interior (por exemplo, o exterior de uma curva fechada não é conexo) e domínio **multiplamente conexo** ou **domínio n-conexo** ao cujo interior não pode ser contraído à um ponto de seu domínio (possui buracos).

Seja uma função $f(z)$, $f : D_f \subseteq \mathbb{C} \to \mathbb{C}$, uma função contínua e seja $\gamma(t)$, $\gamma : [a,b] \subset \mathbb{R} \to D_f \subseteq \mathbb{C}$ uma curva suave por partes, definimos a integral de linha de $f(z)$ sobre a curva $\gamma(t)$, $a \leq t \leq b$, como o número complexo dado por:

$$\int_\gamma f(z)\,dz = \int_a^b f\big(\gamma(t)\big) \cdot \gamma'(t)\,dt$$

O comprimento da curva γ, nas condições acima, é $L(\gamma) = \int_a^b \sqrt{\left[x'(t)\right]^2 + \left[y'(t)\right]^2}\,dt = \int_a^b |\gamma'(t)|\,dt$ independente da parametrização escolhida.

Analogamente à desigualdade já apresentada quando tratamos das integrais definidas, segue a propriedade:

$$\text{III)} \quad \left| \int_\gamma f(z)\,dz \right| \leq \int_\gamma |f(z)| |dz| = \int_a^b \left| f\big(\gamma(t)\big)\right| |\gamma'(t)|\,dt$$

Várias vezes, no estudo da integração de funções complexas, se faz necessária uma estimativa superior do módulo da integral em questão, que denominaremos **"desigualdade ML"** e cujo cálculo será apresentado pelo teorema seguinte.

IV) Teorema: "Seja f, $f : D_f \subset \mathbb{C} \to \mathbb{C}$, uma função contínua e $\gamma : [a,b] \subset \mathbb{R} \to D_f \subset \mathbb{C}$, uma curva suave de comprimento L e, para $M \geq 0$; $\left| f\big(\gamma(t)\big)\right| \leq M$ então $\left| \int_\gamma f(z)\,dz \right| \leq ML$ para todo $z \in D_f$."

Demonstração:

Como vimos no teorema anterior,

$$\left|\int_a^b f\big(\gamma(t)\big)dt\right| \le \int_a^b \left|f\big(\gamma(t)\big)\right|dt \text{ , assim,}$$

$$\left|\int_\gamma f(z)\,dz\right| \le \int_\gamma \left|f(z)\right|dz = \int_\gamma \left|f\big(\gamma(t)\big)\gamma'(t)\right|dt \le M\int_\gamma \left|\gamma'(t)\right|dt$$

$\square$

O fato de trabalharmos com funções analíticas nos garante ainda que qualquer integral de linha em um domínio simplesmente conexo, D_f, independerá de seu percurso $\gamma(t)$, $a \le t \le b$, $\gamma:[a,b]\subset \mathbb{R} \to D_f \subseteq \mathbb{C}$:

$$\int_\gamma f(z)\,dz = F\big(\gamma(b)\big) - F\big(\gamma(a)\big)$$

b) Calcule a integral $\displaystyle\int_\gamma f(z)\,dz = \int_\gamma \frac{\pi}{z}\,dz$, onde γ é uma circunferência de centro na origem e raio 4.

Solução:

Vamos começar pela parametrização da curva γ :

$\gamma:|z| = 4$, o que significa $\gamma(t) = 4\cos t + i\,4\,\mathrm{sen}\,t = 4\,e^{it}$, $t \in [0, 2\pi]$

$\gamma'(t) = -4\,\mathrm{sen}\,t + i\,4\cos t$

Observe que a singularidade $z = 0$, não pertence à curva γ , por tanto, podemos afirmar que a função

$f(z) = \dfrac{\pi}{z}$ é contínua em todos os pontos sobre a curva, seguindo,

$$\int_\gamma f(z)\,dz = \int_0^{2\pi} f\big(\gamma(t)\big)\gamma'(t)\,dt$$

$$\int_\gamma f(z)\,dz = \int_0^{2\pi} f\big(4\cos t + i\,4\,\mathrm{sen}\,t\big)\big(-4\,\mathrm{sen}\,t + i\,4\cos t\big)\,dt = \int_0^{2\pi} \frac{\pi\big(-4\,\mathrm{sen}\,t + i\,4\cos t\big)}{4\cos t + i\,4\,\mathrm{sen}\,t}\,dt$$

$$\int_\gamma f(z)\,dz = \pi \int_0^{2\pi} \frac{-\mathrm{sen}\,t + i\cos t}{\cos t + i\,\mathrm{sen}\,t}\,dt = \pi \int_0^{2\pi} \frac{-\mathrm{sen}\,t + i\cos t}{\cos^2 t + \mathrm{sen}^2 t}\big(\cos t - i\,\mathrm{sen}\,t\big)\,dt$$

$$\int_\gamma f(z)\,dz = \pi \int_0^{2\pi} \big(-\mathrm{sen}\,t + i\cos t\big)\big(\cos t - i\,\mathrm{sen}\,t\big)\,dt = \pi \int_0^{2\pi} -\mathrm{sen}\,t\cos t + \mathrm{sen}\,t\cos t + i\,\mathrm{sen}^2 t + i\cos^2 t\;dt$$

$$\int_\gamma f(z)\,dz = \pi i \int_0^{2\pi} 1\,dt = 2i\pi^2$$

Pode-se ainda provar que por f ser analítica em um domínio simplesmente conexo, sempre existirá uma antiderivada para f nesse domínio. Assim, se $\gamma(a) = \gamma(b)$ teremos $F\big(\gamma(b)\big) - F\big(\gamma(a)\big) = 0$, o que nos leva ao:

V) Teorema de Cauchy-Goursat[9] : "Seja f uma função analítica em uma região simplesmente conexa D então para cada curva de Jordan γ contida em D, $\displaystyle\oint_\gamma f(z)\,dz = 0$ ".

---

[9] Em sua hipótese, Cauchy (1852), incluiu a necessidade da continuidade de $f'(x)$, sendo posteriormente provado por Goursat (1883) que essa hipótese não era necessária para a conclusão do teorema.

E ao seu recíproco,

VI) <u>Teorema de Morera</u>[10] "Se f é uma função contínua em uma região simplesmente conexa D tal que $\oint_\gamma f(z)\,dz = 0$ para qualquer curva de Jordan γ contida em D, então f é analítica em D."

No entanto, se o domínio for multiplamente conexo (com "buracos") o Teorema acima pode ser reescrito como:

VII) <u>Teorema de Cauchy-Goursat para Domínios N-Conexos</u>[11]
"Sejam as curvas, $\gamma, \gamma_1, \gamma_2, \ldots, \gamma_{n-1}$ todas fechadas simples, com orientação positiva e tais que $\gamma, \gamma_1, \gamma_2, \ldots, \gamma_{n-1}$ seja interiores a γ e suas regiões interiores não possuam pontos em comum. Desse modo, se f for analítica em cada contorno de cada uma das curvas e em todos os pontos interiores a γ, exteriores às γ_k, k variando de 1 até n – 1, então $\oint_\gamma f(z)\,dz = \sum_{k=1}^{n-1} \oint_{\gamma_k} f(z)\,dz$".

Vale perceber que o que pode nos fornecer um valor diferente de zero em uma integral de contorno fechada de uma função analítica é a presença de singularidades (buracos), o que nos leva ao teorema abaixo:

VIII) <u>Teorema da Integral de Cauchy</u>: "Seja f uma função analítica definida em um domínio $D_f \subset \mathbb{C}$ e seja γ, a fronteira de seu domínio, uma curva de Jordan orientada positivamente, seja ainda z_0 um ponto do interior de γ

$$f(z_0) = \frac{1}{2\pi i} \int_\gamma \frac{f(z)}{z - z_0}\,dz$$

Uma vez que o intuito desse capítulo é apenas uma breve introdução sobre variáveis complexas e sua aplicação na resolução de integrais, faremos uma demonstração simples do Teorema da Integral de Cauchy.

Demonstração:

1ª Parte:
Na curva γ, fechada e orientada positivamente, abaixo, seja z_0 um ponto de seu interior, vamos mostrar que $\int_\gamma \frac{1}{z - z_0}\,dz = 2\pi i$.

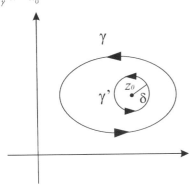

Sabemos que o resultado da integral, será o mesmo para um novo caminho γ', também com orientação positiva, interior à γ e que contenha o ponto z_0. Sem perda de generalidade, seja γ' uma circunferência de centro z_0 e raio δ, suficientemente pequeno para que γ' esteja contida em γ.

$$\gamma': |z - z_0| = \delta$$

Parametrizando a equação da circunferência, temos:

---
[10] Giacinto Morera (1856-1909) engenheiro e matemático italiano.
[11] Espaços N-Conexos possuem n – 1 "buracos", visto que um espaço simplesmente conexo não possui nenhum e um espaço duplamente conexo possui apenas um "buraco".

$z - z_0 = \delta e^{i\theta}$, $0 \leq \theta \leq 2\pi$, por tanto, $dz = i\delta e^{i\theta} d\theta$

Fazendo a substituição na integral, temos:

$$\int_\gamma \frac{1}{z-z_0} dz = \int_0^{2\pi} \frac{i\delta e^{i\theta}}{\delta e^{i\theta}} d\theta = \int_0^{2\pi} i\, d\theta = i\int_0^{2\pi} d\theta = 2\pi i$$

Podemos então concluir que $\int_\gamma \frac{1}{z-z_0} dz = \begin{cases} 0, & \text{se } \gamma \text{ não é envolve } z_0 \\ 2\pi i, & \text{se } \gamma \text{ envolve } z_0 \end{cases}$.

2ª Parte:

Seja agora a integral $\int_\gamma \frac{f(z)}{z-z_0} dz$. Onde f é uma função analítica em D_f, onde $\gamma \subset D_f$, é uma curva de Jordan orientada positivamente e seja ainda z_0 um ponto interior à γ. Nessas condições, sem perda de generalidade, vamos reduzir o contorno em torno do ponto z_0 para uma circunferência γ_δ com centro em z_0 e raio δ suficientemente pequeno para que $\gamma_\delta \subset \gamma$. Assim, $\gamma_\delta : |z - z_0| = \delta$

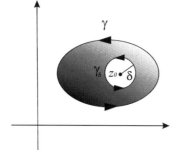

Como o nosso integrando é analítico na região sombreada, podemos escrever:

$$\int_{\gamma-\gamma_\delta} \frac{f(z)}{z-z_0} dz = 0 \Rightarrow \int_\gamma \frac{f(z)}{z-z_0} dz - \int_{\gamma_\delta} \frac{f(z)}{z-z_0} dz = 0\text{, ou seja,}$$

$$\int_\gamma \frac{f(z)}{z-z_0} dz = \int_{\gamma_\delta} \frac{f(z)}{z-z_0} dz$$

Seja agora a função auxiliar, $w(z) = \begin{cases} \dfrac{f(z)-f(z_0)}{z-z_0}, & \text{se } z \neq z_0 \\ f(z_0), & \text{se } z = z_0 \end{cases}$, o que significa que $w(z)$ é analítica em z_0,

o que significa $\int_{\gamma_\delta} w(z) dz = 0$,

por tanto, podemos escrever: $\int_{\gamma_\delta} w(z) dz = \int_{\gamma_\delta} \frac{f(z)-f(z_0)}{z-z_0} dz = \int_{\gamma_\delta} \frac{f(z)}{z-z_0} dz - \int_{\gamma_\delta} \frac{f(z_0)}{z-z_0} dz = 0$, ou seja,

$\int_{\gamma_\delta} \frac{f(z)}{z-z_0} dz - \int_{\gamma_\delta} \frac{f(z_0)}{z-z_0} dz = 0 \Rightarrow \int_{\gamma_\delta} \frac{f(z)}{z-z_0} dz = \int_{\gamma_\delta} \frac{f(z_0)}{z-z_0} dz = f(z_0) \int_{\gamma_\delta} \frac{1}{z-z_0} dz$, da 1ª parte, temos,

$$\int_{\gamma_\delta} \frac{f(z_0)}{z-z_0} dz = f(z_0) \int_{\gamma_\delta} \frac{1}{z-z_0} dz = f(z_0) 2\pi i,$$

$$\int_{\gamma_\delta} \frac{f(z_0)}{z-z_0} dz = 2\pi i\, f(z_0)$$

□

IX) Corolário: Sejam satisfeitas as condições do teorema acima, então f têm derivadas de todas as ordens em todos os pontos de D_f e

$$f^{(n)}(z_0) = \frac{n!}{2\pi i} \int_\gamma \frac{f(z)}{(z-z_0)^{n+1}} dz$$

Demonstração:

Seja Nas condições do Teorema da Integral de Cauchy, seja a função:

$$f(z) = \frac{1}{2\pi i} \int_\gamma \frac{f(t)}{t-z} dt$$

Aplicando a Regra de Leibniz,

$$\frac{d}{dz} f(z) = \frac{1}{2\pi i} \frac{d}{dz} \int_\gamma \frac{f(t)}{t-z} dt = \frac{1}{2\pi i} \int_\gamma \frac{\partial}{\partial z} \frac{f(t)}{t-z} dt \text{, observe que em relação à } z, f(t) \text{ é constante, assim,}$$

$$f'(z) = \frac{1}{2\pi i} \int_\gamma \frac{\partial}{\partial z} \frac{f(t)}{t-z} dt = \frac{1}{2\pi i} \int_\gamma \frac{f(t)}{(t-z)^2} dt \Rightarrow f'(z_0) = \frac{1}{2\pi i} \int_\gamma \frac{f(z)}{(z-z_0)^2} dz,$$

Se aplicarmos novamente a Regra de Leibniz, teremos,

$$f''(z_0) = \frac{1}{2\pi i} \int_\gamma \frac{f(z)}{(z-z_0)^3} dz \text{, e assim sucessivamente, por tanto, após } n \text{ derivações, por indução, teremos,}$$

$$f^{(n)}(z_0) = \frac{n!}{2\pi i} \int_\gamma \frac{f(z)}{(z-z_0)^{n+1}} dz$$

$\square$

O Teorema da Integral de Cauchy nos mostra que os valores de f sobre γ determinam os valores de f no interior de γ, enquanto que o seu corolário mostra que uma função analítica possui derivadas de todas as ordens. Vale mencionar, que o teorema da integral de Cauchy-Gousart para domínios n-conexos juntamente com o teorema da integral de Cauchy já são suficientes para nos auxiliar na resolução de algumas integrais, observe:

c) Calcule a integral $\int_{|z|=2} \frac{z-1}{z} dz$.

Solução:

A singularidade, $z = 0$, é interior ao contorno, dado pela circunferência de raio 2 e centro na origem, assim, pelo Teorema de Cauchy,

$$\int_\gamma \frac{f(z)}{z-z_0} dz = 2\pi i \, f(z_0) \Rightarrow \int_{|z|=2} \frac{z-1}{z-0} dz = 2\pi i \, f(0) = -2\pi i$$

Vamos refazer agora o exercício (b), dessa vez, utilizando o teorema da Integral:

d) Calcule a integral $\int_\gamma F(z)\,dz = \int_\gamma \dfrac{\pi}{z}\,dz$, onde γ é uma circunferência de centro na origem e raio 4.

Solução:

A singularidade, $z = 0$, é interior ao contorno, dado pela circunferência de raio 2 e centro na origem, assim, pelo Teorema de Cauchy,

$$\int_\gamma \frac{f(z)}{z-z_0}\,dz = 2\pi i\, f(z_0)$$

$$\int_\gamma F(z)\,dz = \int_\gamma \frac{\overbrace{\pi}^{f(z)}}{z}\,dz = \int_\gamma \frac{\pi}{z}\,dz = 2\pi i\, f(0) = 2\pi^2 i$$

e) Calcule a integral $\displaystyle\int_{|z|=2} \frac{e^{zi}}{(z-i)^3}\,dz$.

Solução:

A singularidade, $z = i$, é interior ao contorno, dado pela circunferência de raio 2 e centro na origem, assim, pelo Corolário do Teorema de Cauchy,

$$f^{(n)}(z_0) = \frac{n!}{2\pi i}\int_\gamma \frac{f(z)}{(z-z_o)^{n+1}} \;\Rightarrow\; \int_\gamma \frac{f(z)}{(z-z_o)^{n+1}} = \frac{2\pi i}{n!} f^{(n)}(z_0)$$

$$\int_\gamma \frac{f(z)}{(z-z_o)^{n+1}} = \int_{|z|=2} \frac{e^{zi}}{(z-i)^{2+1}}\,dz = \frac{2\pi i}{2!} f''(i) = \pi i\left(-e^{-1}\right) = -\frac{\pi i}{e}$$

f) Calcule a integral $\int_\gamma \dfrac{\operatorname{sen} z}{z-i}\,dz$, onde γ , é a circunferência definida por $\gamma : |z-i| = 1$.

Solução:

A singularidade é interior ao contorno, além disso, lembramos que $\operatorname{sen} z = \dfrac{e^{zi}-e^{-zi}}{2i}$, assim,

$$\int_\gamma \frac{\operatorname{sen} z}{z-i}\,dz = \frac{1}{2i}\int_\gamma \frac{e^{zi}-e^{-zi}}{z-i}\,dz = 2\pi i\, f(i) = 2\pi i\,\frac{1}{2i}\left(e^{-1}-e^{1}\right)$$

$$\int_\gamma \frac{\operatorname{sen} z}{z-i}\,dz = \pi\left(\frac{1}{e}-e\right).$$

g) Calcule a integral $\displaystyle\int_{|z|=2} \frac{1}{z^2+1}\,dz$.

Solução:

A função possui duas singularidades, i e -i, interiores a curva de contorno.

$$\int_{|z|=2} \frac{1}{z^2+1}\,dz = \int_{|z|=2} \frac{1}{(z+i)(z-i)}\,dz = \frac{1}{2i}\int_{|z|=2} \frac{z+i-z+i}{(z+i)(z-i)}\,dz = \frac{1}{2i}\int_{|z|=2} \frac{z+i}{(z+i)(z-i)}\,dz - \frac{1}{2i}\int_{|z|=2} \frac{z-i}{(z+i)(z-i)}\,dz$$

$$\int_{|z|=2} \frac{1}{z^2+1}\,dz = \frac{1}{2i}\int_{|z|=2} \frac{1}{(z-i)}\,dz - \frac{1}{2i}\int_{|z|=2} \frac{1}{(z+i)}\,dz$$

$$\int_{|z|=2} \frac{1}{z^2+1}\,dz = \frac{1}{2i} 2\pi i\, f(i) - \frac{1}{2i} 2\pi i\, f(-i) = \pi(1-1) = 0$$

Vamos agora nos aprofundarmos um pouco mais no conceito de singularidade.

É do estudo de funções meromorfas, e de suas singularidades que poderemos desenvolver uma nova abordagem para a resolução de integrais. O fato de existirem as singularidades é que nos impede de dizer que essas integrais de contorno têm valor zero, na verdade, podemos pensar que cada singularidade gera um **resíduo** que faz com que não possamos garantir que seu valor seja nulo. Para estudarmos essas singularidades, seus tipos (que veremos serem três) e o como calcular o resíduo do qual são responsáveis é que necessitamos expandir essas funções em séries de potências.

Do estudo das séries, percebemos que muitas funções reais podem ser representadas de maneira única em torno de um ponto através de uma série de potências, denominada série de Taylor (em torno do ponto $z = z_0$) e de sua variante, a série de MacLaurin (em torno do ponto $z = 0$). No entanto, percebemos que algumas funções não podem ser indefinidamente diferenciáveis, enquanto que algumas outras, apesar de poderem, não convergem para o valor da função no ponto.

Exemplos de Séries de MacLaurin:

$$e^z = 1 + \frac{z}{1!} + \frac{z^2}{2!} + \frac{z^3}{3!} + \dots = \sum_{k=0}^{\infty} \frac{z^k}{k!}$$

$$\operatorname{sen} z = z - \frac{z^3}{3!} + \frac{z^5}{5!} - \frac{z^7}{7!} + \dots = \sum_{k=0}^{\infty} \left(-1\right)^k \frac{z^{2k+1}}{\left(2k+1\right)!}$$

$$\cos z = 1 - \frac{z^2}{2!} + \frac{z^4}{4!} - \frac{z^6}{6!} + \dots = \sum_{k=0}^{\infty} \left(-1\right)^k \frac{z^{2k}}{\left(2k\right)!}$$

$$\operatorname{senh} z = z + \frac{z^3}{3!} + \frac{z^5}{5!} + \frac{z^7}{7!} + \dots = \sum_{k=0}^{\infty} \frac{z^{2k+1}}{\left(2k+1\right)!}$$

$$\cosh z = 1 + \frac{z^2}{2!} + \frac{z^4}{4!} + \frac{z^6}{6!} + \dots = \sum_{k=0}^{\infty} \frac{z^{2k}}{\left(2k\right)!}$$

$$\ln\left(1-z\right) = -z - \frac{z^2}{2} - \frac{z^3}{3} - \dots = -\sum_{k=0}^{\infty} \frac{z^{k+1}}{k+1}$$

$$\ln\left(1+z\right) = z - \frac{z^2}{2} + \frac{z^3}{3} - \dots = \sum_{k=0}^{\infty} \left(-1\right)^z \frac{z^{k+1}}{k+1}$$

Ao tratarmos de funções analíticas, por outro lado, percebemos através do Teorema de Cauchy-Goursat, que estas são indefinidamente diferenciáveis em todos os pontos de seu domínio e podemos mesmo representar através das séries o entorno de uma singularidade. Para isso, será necessário introduzir as chamadas séries de Laurent, das quais perceberemos serem, as séries de Taylor, um caso particular.

X)   Teorema de Laurent[12]:

"Seja f uma função analítica na coroa circular $C\left(z_0, r, R\right) = \left\{ z \in \mathbb{C} \,/\, 0 < r < \left|z - z_0\right| < R \right\}$, onde $r \geq 0$ e $R > 0$, então:

$$F\left(z\right) = \sum_{n=0}^{\infty} a_n \left(z - z_0\right)^n + \sum_{n=1}^{\infty} \frac{b_n}{\left(z - z_0\right)^n} = \dots + \underbrace{\frac{b_2}{\left(z - z_0\right)^2} + \frac{b_1}{\left(z - z_0\right)^1}}_{Parte\ Principal} + \underbrace{a_0 + a_1 \left(z - z_0\right)^1 + a_2 \left(z - z_0\right)^2 + \dots}_{Parte\ Analítica}$$

Onde a parte $\displaystyle\sum_{n=0}^{\infty} a_n \left(z - z_0\right)^n$ recebe o nome de **parte analítica** e a parte $\displaystyle\sum_{n=1}^{\infty} \frac{b_n}{\left(z - z_0\right)^n}$ é denominada de **parte principal**.

---

[12] Pierre Alphonse Laurent (1813-1854) engenheiro militar e matemático francês.

Os coeficientes são dados por:

$$a_n = \frac{1}{2\pi i}\int_\gamma \frac{F(z)}{(z-z_0)^{n+1}}\,dz \quad \text{e} \quad b_n = \frac{1}{2\pi i}\int_\gamma F(z)(z-z_0)^{n-1}\,dz$$

Apesar de raramente os coeficientes da série serem calculados dessa maneira. Normalmente são encontrados através de manipulação algébrica, uso da série geométrica, derivação, etc.
Exemplos:

- $F(z) = \dfrac{z^2 - 2z}{z-1} = \dfrac{z^2 - 2z + 1 - 1}{z-1} = \dfrac{(z-1)^2 - 1}{z-1} = -\dfrac{1}{z-1} + z - 1$, com o centro em $z = 1$;

- $F(z) = \dfrac{1}{z(z-1)} = \dfrac{-1}{z}\left(\dfrac{1}{1-z}\right) = -\dfrac{1}{z}\left(1 + z + z^2 + z^3 + ...\right) = -\dfrac{1}{z} - 1 - z - z^2 - z^3 - ...$, com centro em $z = 0$;

$$F(z) = \frac{1}{z(z-1)} = -\frac{z-1-z}{z(z-1)} = -\frac{z-1}{z(z-1)} + \frac{z}{z(z-1)} = -\frac{1}{z} + \frac{1}{z-1} = \frac{1}{(z-1)} - \frac{1}{1-(-1)(z-1)}$$

$$F(z) = \frac{1}{z(z-1)} = \frac{1}{z-1} - 1 + (z-1) - (z-1)^2 + (z-1)^3 - ...$$, com centro em $z = 1$;

- $F(z) = \dfrac{4z-3}{z(z-1)} = \left(\dfrac{3-4z}{z}\right)\underbrace{\left(\dfrac{1}{1-z}\right)}_{\substack{\text{série geométrica} \\ |z|<1}} = \left(\dfrac{3}{z} - 4\right)\left(1 + z + z^2 + z^3 + ...\right) = \left(\dfrac{3}{z} - 4\right)\sum_{k=0}^{\infty} z^k = 3\sum_{k=0}^{\infty} z^{k-1} - 4\sum_{k=0}^{\infty} z^k$

$$F(z) = \frac{4z-3}{z(z-1)} = \left(\frac{3}{z} + 3 + 3z + ...\right) - \left(4 + 4z + 4z^2 + ...\right) = \frac{3}{z} - 1 - z - z^2 - z^3 - ...$$, com centro em $z = 0$;

$$F(z) = \frac{4z-3}{z(z-1)} = \frac{z+3(z-1)}{-z(z-1)} = \frac{z}{z(z-1)} + \frac{3(z-1)}{z(z-1)} = \frac{1}{z-1} + \frac{3}{z} = \frac{1}{z-1} + \underbrace{\frac{3}{1-(1-z)}}_{PG\infty = \frac{a_1}{1-q}} = \frac{1}{z-1} + \frac{3}{1-(-1)(z-1)}$$

$$F(z) = \frac{4z-3}{z(z-1)} = \frac{1}{z-1} + 3 - 3(z-1) + 3(z-1)^2 - 3(z-1)^3 + ...$$, com centro em $z = 1$.

Dos exemplos acima, observe que para funções com mais de uma singularidade, a série de Laurent nos possibilitou representar a função em torno de cada uma de suas singularidades.

"Toda função analítica com um número finito de singularidades em seu domínio, admite ser expresso como série de Laurent de modo único".

À medida que expandimos uma função analítica em série de Laurent, aparecerão 3 tipos singularidades:

- **singularidade removível** ou **evitável** – é quando temos $b_n = 0$ para todos os valores de n;
- **singularidade de ordem p** (ou polo de ordem p) – é quando temos $b_p \neq 0$ e $b_n = 0$ para $n > p$;
- **singularidade essencial** – é quando $b_n \neq 0$ para uma infinidade de valores de n.

Exemplos:

$$F(z) = \frac{\operatorname{sen} z}{z} = \frac{1}{z}\left(z - \frac{z^3}{3!} + \frac{z^5}{5!} - \frac{z^7}{7!} + \ldots\right) = 1 - \frac{z^2}{3!} + \frac{z^4}{5!} - \frac{z^6}{7!} + \ldots \quad \text{, singularidade removível em } z = 0;$$

$$F(z) = \frac{e^z}{z} = \frac{1}{z}\left(1 + \frac{z}{1!} + \frac{z^2}{2!} + \frac{z^3}{3!} + \ldots\right) = \frac{1}{z} + \frac{1}{1!} + \frac{z^1}{2!} + \frac{z^2}{3!} + \ldots \quad \text{, singularidade de ordem 1 em } z = 0;$$

$$F(z) = \frac{e^z}{z^3} = \frac{1}{z^3}\left(1 + \frac{z}{1!} + \frac{z^2}{2!} + \frac{z^3}{3!} + \ldots\right) = \frac{1}{z^3} + \frac{1}{1!z^2} + \frac{1}{2!z} + \frac{z}{3!} + \ldots \quad \text{, singularidade de ordem 3 ou polo de}$$

ordem 3 em $z = 0$;

$$F(z) = \cosh\left(\frac{1}{z}\right) = 1 - \frac{1}{2!z^2} + \frac{1}{4!z^4} - \frac{1}{6!z^6} + \ldots \quad \text{, singularidade essencial em } z = 0.$$

Como dissemos anteriormente, as singularidades estão intimamente ligadas aos resíduos, que nos permitem determinar os valores da integral de contorno.

Definimos resíduo de uma função analítica $F(z)$ em uma vizinhança perfurada[13] z_0, ao cociente do termo $\dfrac{b_1}{(z-z_0)^1}$ da expansão em série de Laurent da função $F(z)$ e denominamos por **resíduo de F na singularidade isolada** z_0 e escrevemos: $\operatorname{Res}(F, z_o) = b_1 = \dfrac{1}{2\pi i}\displaystyle\int_\gamma F(z)\,dz$.

XI) <u>Teorema dos Resíduos</u> (Cauchy) – "Seja F uma função analítica definida em um domínio $D_F \setminus \{z_0, z_1, \ldots, z_{n-1}\}$, seja ainda $\gamma \subset D_F \setminus \{z_0, z_1, \ldots, z_{n-1}\}$ uma curva de Jordan, orientada no sentido anti-horário, tal que a região fechada e limitada por ela está contida em D_F e contém $\{z_0, z_1, \ldots, z_{n-1}\}$, então

$$\frac{1}{2\pi i}\int_\gamma F(z)\,dz = \sum_{k=0}^{n-1} \operatorname{Res}(F, z_k)\text{''}.$$

---

[13] Na coroa circular $C(z_0, r, R) = \{z \in \mathbb{C} \,/\, 0 < r < |z - z_0| < R\}$, onde $r \geq 0$ e $R > 0$

$$\underline{\text{Métodos para o Cálculo de Resíduos:}}$$

Nas condições de aplicação do teorema dos resíduos,

i. F possui um **Polo Simples** em $z = z_0$: Pela definição – Integral de Cauchy – Série de Laurent

Da definição, temos, $\text{Res}(F, z_0) = b_1 = \dfrac{1}{2\pi i} \displaystyle\int_\gamma F(z)\,dz$, onde pelo,

Teorema da integral de Cauchy,

$$\int_\gamma F(z)\,dz = \int_\gamma \frac{f(z)}{z - z_0}\,dz = 2\pi i\, f(z_0)\text{, substituindo,}$$

$$\text{Res}(F, z_0) = \frac{1}{2\pi i} \int_\gamma F(z)\,dz = \frac{1}{2\pi i}\, 2\pi i\, f(z_0) = f(z_0)$$

$$\boxed{\; F(z) = \frac{f(z)}{z - z_0}, \; f(z_0) \neq 0 \;\Rightarrow\; \text{Res}(F, z_0) = f(z_0) \;}$$

Ou diretamente a partir de $F(z)$, pela série de Laurent, teríamos,

$$F(z) = \frac{b_1}{(z - z_0)} + a_0 + a_1(z - z_0) + a_2(z - z_0)^2 + \dots\text{, multiplicando ambos os lados por } (z - z_0),$$

$$(z - z_0) F(z) = b_1 + a_0(z - z_0) + a_1(z - z_0)^2 + a_2(z - z_0)^3 + \dots\text{, assim, no limite, quando } z \to z_0,$$

$$\boxed{\; F(z) = \frac{f(z)}{z - z_0}, \; f(z_0) \neq 0 \;\Rightarrow\; \text{Res}(F, z_0) = \lim_{z \to z_0} (z - z_0) F(z) \;}$$

Para múltiplos polos distintos no denominador da função, $F(z) = \dfrac{f(z)}{(z - z_1)(z - z_2)\dots(z - z_n)}$, $f(z_k) \neq 0$, k variando de 1 até n a função pode ser reescrita como:

$$\boxed{\; F(z) = \frac{\left.\dfrac{f(z)}{(z - z_2)\dots(z - z_n)}\right\} g(z)}{(z - z_1)}, \; g(z_1) \neq 0 \Rightarrow \text{Res}(F, z_1) = \lim_{z \to z_1} (z - z_1) F(z) = \lim_{z \to z_1} \frac{f(z)}{(z - z_2)\dots(z - z_n)} \;}$$

ii. F possui um **Polo de Ordem n** em $z = z_0$.

Através da série de Laurent,

$$F(z) = \frac{b_n}{(z-z_0)^n} + ... + \frac{b_2}{(z-z_0)^2} + \frac{b_1}{(z-z_0)} + a_0 + a_1(z-z_0) + a_2(z-z_0)^2 + ...\, , \text{ multiplicando ambos os}$$

lados por $(z-z_0)^n$,

$$\underbrace{(z-z_0)^n F(z)}_{G(z)} = b_n + b_{n-1}(z-z_0) + ... + b_2(z-z_0)^{n-2} + b_1(z-z_0)^{n-1} + a_0(z-z_0)^n + a_1(z-z_0) + a_2(z-z_0)^{n+1} + ...$$

Da série de Taylor da função $G(z)$, queremos encontrar o coeficiente de b_1, que é dado por $\dfrac{G^{(n-1)}(z_0)}{(n-1)!}$,

Derivando o G sucessivas vezes e passando limite $z \to z_0$, temos:

$$\boxed{F(z) = \frac{f(z)}{(z-z_0)^n}, \, f(z_0) \neq 0 \;\Rightarrow\; \text{Res}(F, z_0) = \lim_{z \to z_0} \frac{1}{(n-1)!} \frac{d^{n-1}}{dz^{n-1}}(z-z_0)^n F(z),\, n > 1}$$

iii. F pode ser escrita como **cociente de duas funções**, por tanto, $F(z) = \dfrac{p(z)}{q(z)}$, ambas P e Q analíticas em $z = z_0$, sendo $p(z_0) \neq 0$, $q(z_0) = 0$ e $q'(z_0) \neq 0$, onde z_0 é um polo simples.

Observe:

$$\text{Res}(F, z_0) = \lim_{z \to z_0}(z-z_0)F(z) = \lim_{z \to z_0}(z-z_0)\frac{p(z)}{q(z)} = \lim_{z \to z_0} \frac{p(z)}{\dfrac{q(z)-q(z_0)}{z-z_0}} = \frac{p(z_0)}{q'(z_0)} \text{ , por tanto,}$$

$$\boxed{F(z) = \frac{p(z)}{q(z)}, \, p(z_0) \neq 0,\; q(z_0) = 0 \; e \; q'(z_0) \neq 0 \;\Rightarrow\; \text{Res}\left(\frac{p(z)}{q(z)}, z_0\right) = \frac{p(z_0)}{q'(z_0)}}$$

iv. Teorema:

> "Se F for uma função analítica par e possuir uma singularidade isolada na origem então $\text{Res}(F, 0) = 0$".

Demonstração.

Seja F uma função analítica par, isso significa que $F(-z) = F(z)$, assim, expandindo em série de Laurent,

$$F(z) = \frac{b_1}{z} + a_0 + a_1(z) + a_2(z)^2 + a_3(z)^3 + ...\, , \text{ por tanto,}$$

$$F(z) = \frac{b_1}{z} + a_0 + a_1(z) + a_2(z)^2 + a_3(z)^3 + ... = -\frac{b_1}{z} + a_0 - a_1(z) + a_2(z)^2 - a_3(z)^3 + ... = F(-z)$$

Como a série de Laurent representa de maneira única a $F(z)$, temos que: $-b_1 = b_1 \Leftrightarrow b_1 = 0$.

$\square$

v. Teorema:

> "F é uma função analítica com $\text{Res}(F, z_0) = 0$ se e somente se z_0 é um polo removível"

Demonstração: Se o polo em z_0 é removível, a expansão da função em série de Laurent terá o coeficiente $b_1 = 0$; se a expansão apenas contiver a parte analítica, significa que não existem polos em torno de z_0, por tanto ele é removível. □

Cálculo de Resíduos

$$F(z) = \frac{f(z)}{z - z_0}, \ f(z_0) \neq 0 \ \Rightarrow \ \text{Res}(F, z_0) = f(z_0)$$

Polo Simples em $z = z_0$

$$F(z) = \frac{f(z)}{z - z_0}, \ f(z_0) \neq 0 \ \Rightarrow \ \text{Res}(F, z_0) = \lim_{z \to z_0} (z - z_0) F(z)$$

Polo Simples em $z = z_0$

$$F(z) = \frac{\left. \dfrac{f(z)}{(z - z_2) \dots (z - z_n)} \right\} g(z)}{(z - z_1)}, \ g(z_1) \neq 0 \Rightarrow \text{Res}(F, z_1) = \lim_{z \to z_1} (z - z_1) F(z) = \lim_{z \to z_1} \frac{f(z)}{(z - z_2) \dots (z - z_n)}$$

Múltiplos Polos Simples

$$F(z) = \frac{f(z)}{(z - z_0)^n}, \ f(z_0) \neq 0 \ \Rightarrow \ \text{Res}(F, z_0) = \lim_{z \to z_0} \frac{1}{(n-1)!} \frac{d^{n-1}}{dz^{n-1}} (z - z_0)^n F(z), \ n > 1$$

Polo de Ordem n em $z = z_0$

$$F(z) = \frac{p(z)}{q(z)}, \ p(z_0) \neq 0, \ q(z_0) = 0 \ e \ q'(z_0) \neq 0 \ \Rightarrow \ \text{Res}\left(\frac{p(z)}{q(z)}, z_0 \right) = \frac{p(z_0)}{q'(z_0)}$$

F é o cociente de duas funções p e q, analíticas

Teorema: "Se F for uma função analítica **par** e possuir uma singularidade isolada na **origem** então $\text{Res}(F, 0) = 0$".

Teorema: "F é uma função analítica com $\text{Res}(F, z_0) = 0$ se e somente se z_0 é um polo removível"

h) Calcule $\displaystyle\int_{|z|=2} \frac{z^2-2z}{z-1} dz$.

Solução:

Seja a função $F(z)=\dfrac{z^2-2z}{z-1}=\dfrac{z^2-2z+1-1}{z-1}=\dfrac{(z-1)^2-1}{z-1}=-\dfrac{1}{z-1}+z-1$

- $\gamma : |z-0|=2$, centro na origem e raio 2;
- Polos: $z = 1$, simples;
- Resíduos internos à γ : Res(F, 1) = -1, pela série de Laurent;

$$\int_\gamma \frac{z^2-2z}{z-1} dz = 2\pi i \operatorname{res}(F,1) = 2\pi i(-1) = -2\pi i$$

i) Calcule $\displaystyle\int_{|z|=2} \frac{4z-3}{z(z-1)} dz$.

Solução:

Seja a função $F(z)=\dfrac{4z-3}{z(z-1)}=\dfrac{3}{z}+\dfrac{1}{z-1}$, pela regra de Heaviside;

- $\gamma : |z-0|=2$, centro na origem e raio 2;
- Polos: $z = 0$, simples e $z = 1$, simples;
- Resíduos internos à γ :
  Res(F, 0) = 3,
  Res(F, 1) = 1,
  por Cauchy $\left(\operatorname{Res}(F,z_0) = f(z_0)\right)$.

$$\int_\gamma \frac{4z-3}{z(z-1)} dz = 2\pi i \sum_{k=1}^{2} \operatorname{res}(F,z_k) = 2\pi i(3+1) = 8\pi i$$

j) Calcule a integral $\displaystyle\int_{|z|=1} \frac{1}{z^3 e^{2z}} dz$.

Solução:

Reescrevendo a integral,

$$\int_{|z|=1} \frac{1}{z^3 e^{2z}} dz = \int_{|z|=1} \frac{e^{-2z}}{z^3} dz , \ F(z)=\frac{e^{-2z}}{z^3} ;$$

- $\gamma : |z-0|=1$, centro na origem e raio 1;
- Polos: $z = 0$, de ordem 3;
- Resíduos internos à γ :

$$\operatorname{Res}(F,0)=\frac{f^{(2)}(0)}{(3-1)!}, \ f(z)=e^{-2z} \Rightarrow f'(z)=-2e^{-2z} \Rightarrow f''(z)=4e^{-2z},$$

$$\operatorname{Res}(F,0)=\frac{4e^{-2(0)}}{2!}=2,$$

$$\operatorname{Res}(F,z_0)=\frac{f^{(m-1)}(z_0)}{(m-1)!} .$$

$$\int_\gamma \frac{e^{-2z}}{z^3}\,dz = \int_\gamma \frac{f(z)}{(z-0)^{2+1}}\,dz = \frac{2\pi i}{2!}f^{(2)}(0) = \frac{2\pi i}{2!}(2) = 4\pi i$$

k) Calcule a integral $\displaystyle\int_{|z|=1} tg\,z\,dz$.

Solução:

Reescrevendo a integral,

$$\int_{|z|=1} tg\,z\,dz = \int_{|z|=1} \frac{\operatorname{sen} z}{\cos z}\,dz,\ F(z) = \frac{\operatorname{sen} z}{\cos z}$$

- $\gamma : |z-0| = 1$, centro na origem e raio 1;

- Polos: $z = \dfrac{\pi}{2} + k\pi,\ k \in \mathbb{Z}$, de ordem 1;

- Resíduos internos à γ :

$$\operatorname{Res}\left(F,\frac{\pi}{2}\right) = \frac{\operatorname{sen}\left(\dfrac{\pi}{2}\right)}{-\operatorname{sen}\left(\dfrac{\pi}{2}\right)} = -1,$$

$$\operatorname{Res}\left(F,\frac{\pi}{2}\right) = \frac{p(z_0)}{q'(z_0)},\ p(z_0) \neq 0,\ q(z_0) = 0\ e\ q'(z_0) \neq 0$$

$$\int_{|z|=1} tg\,z\,dz = 2\pi i \operatorname{Res}\left(F,\frac{\pi}{2}\right) = -2\pi i\ .$$

l) Calcule a integral $\displaystyle\int_\gamma \frac{1}{z^4-1}\,dz$, onde γ é a curva que percorre a borda do retângulo limitado pelas retas,

$z = \dfrac{3}{2}$, $z = \dfrac{3}{2}i$, $z = -\dfrac{3}{2}\ z = -\dfrac{1}{2}i$ no sentido positivo.

Solução:

Reescrevendo a integral,

$$\int_\gamma \frac{1}{z^4-1}\,dz = \int_\gamma \frac{1}{(z-1)(z-i)(z+1)(z+i)}\,dz,\ F(z) = \frac{1}{(z-1)(z-i)(z+1)(z+i)}$$

- $\gamma : z = \dfrac{3}{2}$, $z = \dfrac{3}{2}i$, $z = -\dfrac{3}{2}\ z = -\dfrac{1}{2}i$ no sentido positivo, centro na origem e raio 1;

- Polos: $z = 1$, de ordem 1; $z = i$, de ordem 1; $z = -1$, de ordem 1; $z = -i$, de ordem 1 (fora de γ);

- Resíduos internos à γ :

$$\operatorname{Res}(F,1) = \lim_{z\to 1}(z-1)F(z) = \lim_{z\to 1}\frac{1}{(z-i)(z+1)(z+i)} = \frac{1}{4},$$

$$\operatorname{Res}(F,-1) = \lim_{z\to -1}(z+1)F(z) = \lim_{z\to -1}\frac{1}{(z-i)(z-1)(z+i)} = -\frac{1}{4},$$

$$\operatorname{Res}(F,i) = \lim_{z\to i}(z-i)F(z) = \lim_{z\to i}\frac{1}{(z-1)(z+1)(z+i)} = \frac{1}{4i} = -\frac{i}{4},$$

$$F(z) = \frac{f(z)}{\dfrac{(z-z_2)(z-z_2)(z-z_4)}{z-z_1}},\ f(z_1) \neq 0\ \Rightarrow\ \operatorname{Res}(F,z_1) = \lim_{z\to z_1}\frac{f(z)}{(z-z_2)\dots(z-z_n)}$$

$$\int_{\gamma} \frac{1}{z^4 - 1} dz = 2\pi i \sum_{k=1}^{3} \operatorname{res}\left(F, z_k\right) = 2\pi i \left(\frac{1}{4} - \frac{1}{4} - \frac{i}{4}\right) = \frac{\pi}{2}$$

m) Calcule a integral $\int_{|z|=1} \frac{\cos z}{z^2} dz$.

Solução:

$F(z) = \dfrac{\cos z}{z^2}$ é uma função par.

- $\gamma : |z - 0| = 1$, centro na origem e raio 1;
- Polos: $z = 0$, de ordem 1;
- Resíduos internos à γ :

  $\operatorname{Res}(F, 0) = 0$, "Se F é uma função par com polo simples na origem então $\operatorname{Res}(F, 0) = 0$ ".

$$\int_{|z|=1} \frac{\cos z}{z^2} dz = 2\pi i \operatorname{Res}(F, 0) = 0$$

n) Calcule:

a) O $\operatorname{Res}(tg\pi z, p)$;

b) Mostre que $\operatorname{Res}\left(f(z) tg\,\pi z, k\right) = f(k)\operatorname{Res}(tg\,\pi z, k)$, onde f é analítica em k;

c) Calcule a integral $\int_{|z|=2} \dfrac{tg\,\pi z}{z^2 + 5} dz$.

Solução:

a) $F(z) = tg\,\pi z = \dfrac{\operatorname{sen}\pi z}{\cos\pi z}$

Polos: $\dfrac{2n+1}{2}, n \in \mathbb{Z}$, todos de ordem 1;

Resíduos: $-\dfrac{1}{\pi}$ (independem do valor de k)

b) Seja $p(z) = f(z)\operatorname{sen}\pi z$ e $q(z) = \cos\pi z$, como sabemos

$$\operatorname{Res}\left(f(z) tg\pi z, k\right) = \operatorname{Res}\left(\frac{p(z)}{q(z)}, k\right) = \frac{p(k)}{q'(k)} = \frac{f(k)\operatorname{sen}\pi z}{-\pi \operatorname{sen}\pi z} = \underbrace{-\frac{1}{\pi}}_{\operatorname{Res}(tg\pi z, k)} f(k)$$

c) $\int_{|z|=2} \dfrac{tg\,\pi z}{z^2 + 5} dz$

Do item (a), sabemos que $tg\,\pi z$ possui:

- Polos em $\dfrac{2n+1}{2}, n \in \mathbb{Z}$, todos de ordem 1;
- Dentro do contorno, teremos então os polos: $\pm\dfrac{1}{2}, \pm\dfrac{3}{2}$;
- Resíduos: $\operatorname{Res}(tg\pi z, k) = -\dfrac{1}{\pi}$

Como a função $f(z) = \dfrac{1}{z^2 + 5}$ é analítica dentro do contorno da curva, vamos aplicar a

propriedade demonstrada no item (b): $\operatorname{Res}\left(f(z) tg\pi z, k\right) = -\dfrac{1}{\pi} f(k)$, por tanto,

$$\int_{|z|=2} \frac{tg\,\pi z}{z^2 + 5} dz = 2\pi i \sum_{k=1}^{4} \operatorname{Res}\left(f(z) tg\pi z, z_k\right) = 2\pi i \left(-\frac{1}{\pi}\right)\left[f\left(\frac{1}{2}\right) + f\left(\frac{-1}{2}\right) + f\left(\frac{3}{2}\right) + f\left(\frac{-3}{2}\right)\right] = -25i.$$

3) Resolução de Integrais Reais utilizando a Teoria dos Resíduos

I) Cálculo de Integrais trigonométricas Reais: $\int_0^{2\pi} F(\cos\theta, \operatorname{sen}\theta) d\theta$

É possível utilizarmos os conhecimentos de integrais complexas para nos ajudar a resolver integrais trigonométricas reais, basta para isso, substituirmos a integral de 0 à 2π por uma integral de contorno, onde a curva é a circunferência trigonométrica e as identidades trigonométricas podem ser escritas sua forma complexa, primeiro em função de e e depois, fazendo $z = e^{i\theta}$, de modo a termos uma integral racional em função de z.

Das identidades conhecidas abaixo,

$$\cos\theta = \frac{e^{i\theta} + e^{-i\theta}}{2} \quad e \quad \operatorname{sen}\theta = \frac{e^{i\theta} - e^{-i\theta}}{2i},$$

Lembrando que $z = e^{i\theta}$, temos:

$$\cos\theta = \frac{z + z^{-1}}{2} \quad e \quad \operatorname{sen}\theta = \frac{z - z^{-1}}{2i}$$

ainda,

$$\cos n\theta = \frac{z^n + z^{-n}}{2} \quad e \quad \operatorname{sen} n\theta = \frac{z^n - z^{-n}}{2i}$$

$$dz = i\,z\,d\theta \quad ou \quad d\theta = \frac{dz}{iz}$$

Assim teremos:
$$\int_0^{2\pi} F(\cos\theta, \operatorname{sen}\theta) d\theta \Rightarrow \int_{|z|=1} F\left(\frac{1}{2}\left(z + \frac{1}{z}\right), \frac{1}{2i}\left(z - \frac{1}{z}\right) \right) \frac{d\theta}{iz}$$

a) Calcule a integral $\int_0^{2\pi} \dfrac{1}{3+2\operatorname{sen}\theta}\,d\theta$.

Solução:

Lembrando que $\operatorname{sen}\theta = \dfrac{z-z^{-1}}{2i}$, onde $|z|=1$, temos,

$$\int_0^{2\pi} \frac{1}{3+2\operatorname{sen}\theta}\,d\theta = \int_{|z|=1} \frac{1}{3+2\left(\dfrac{z-z^{-1}}{2i}\right)}\frac{dz}{iz} = \int_{|z|=1} \frac{2}{6iz+2\left(z^2-1\right)}\,dz = \int_{|z|=1} \frac{1}{z^2+3iz-1}\,dz$$

onde

$$z = \frac{-(3i)\pm\sqrt{(3i)^2+4}}{2} = \left(\frac{-3\pm\sqrt{5}}{2}\right)i \Rightarrow \begin{cases} |z_1| = \left|\dfrac{-3+\sqrt{5}}{2}\right| < 1 \\[3mm] |z_2| = \left|\dfrac{-3-\sqrt{5}}{2}\right| > 1 \end{cases}$$, z_2 está fora de $|z|=1$, assim,

Temos um polo simples em $z_1 = \dfrac{-3+\sqrt{5}}{2}i$, por tanto,

$$F(z) = \frac{f(z)}{z-z_1}, \ f(z_1) \neq 0 \ \Rightarrow \ \operatorname{Res}(F,z_1) = f(z_1)$$

$$\int_0^{2\pi} \frac{1}{3+2\operatorname{sen}\theta}\,d\theta = \int_{|z|=1} \frac{f(z)}{\left(z-z_1\right)}\,dz = \int_{|z|=1} \frac{\dfrac{1}{\left(z-\dfrac{-3-\sqrt{5}}{2}i\right)}}{\left(z-\dfrac{-3+\sqrt{5}}{2}i\right)}\,dz = 2\pi i\operatorname{Res}\left(\frac{-3+\sqrt{5}}{2}i\right)$$

$$\int_0^{2\pi} \frac{1}{3+2\operatorname{sen}\theta}\,d\theta = 2\pi i\, f\left(\frac{-3+\sqrt{5}}{2}i\right) = 2\pi i\left(\frac{1}{\dfrac{-3+\sqrt{5}}{2}i - \dfrac{-3-\sqrt{5}}{2}i}\right) = \frac{2}{\sqrt{5}}\pi \ .$$

b) Calcule a integral $\int_0^{2\pi} \dfrac{1}{\operatorname{sen}\theta + \cos\theta + 1}\,d\theta$.

Solução:

Substituindo, $\cos\theta = \dfrac{z+z^{-1}}{2}$, $\operatorname{sen}\theta = \dfrac{z-z^{-1}}{2i}$ e $d\theta = \dfrac{dz}{iz}$, onde $|z|=1$,

$$\int_0^{2\pi} \frac{1}{\operatorname{sen}\theta + \cos\theta + 1}\,d\theta = \int_{|z|=1} \frac{1}{\dfrac{z-z^{-1}}{2i}+\dfrac{z+z^{-1}}{2}+1}\frac{dz}{iz} = \int_{|z|=1} \frac{1}{\dfrac{z-z^{-1}}{2}+\dfrac{\left(z+z^{-1}\right)i}{2}+\dfrac{2i}{2}}\frac{dz}{z}$$

$$\int_0^{2\pi} \frac{1}{\operatorname{sen}\theta + \cos\theta + 1}\,d\theta = 2\int_{|z|=1} \frac{1}{z-z^{-1}+\left(z+z^{-1}\right)i+2i}\frac{dz}{z} = 2\int_{|z|=1} \frac{1}{z^2-1+z^2i+i+2iz}\,dz$$

$$\int_0^{2\pi} \frac{1}{\operatorname{sen}\theta + \cos\theta + 1}\,d\theta = 2\int_{|z|=1} \frac{1}{z^2\left(1+i\right)+2iz-\left(1-i\right)}\,dz = \frac{2}{1+i}\int_{|z|=1} \frac{1}{z^2+\left(1+i\right)z+i}\,dz$$

$$z = \frac{-(1+i) \pm \sqrt{(1+i)^2 - 4i}}{2} = \frac{-(1+i) \pm \sqrt{-2i}}{2} = \frac{-(1+i) \pm \overbrace{\sqrt{2}\left(\frac{\sqrt{2}}{2}(1+i)\right)i}^{\sqrt{i}}}{2} = -\frac{(1+i)}{2} \pm \frac{(i-1)}{2},$$

por tanto, $z_1 = -1$, $z_2 = -i$, nenhuma das raízes é interior à curva, por tanto, a integral diverge para os limites de integração.

c) Calcule a integral $\int_0^{2\pi} \dfrac{\operatorname{sen} 2\theta}{\operatorname{sen}\theta + \cos\theta + 1}\, d\theta$.

Solução:

Substituindo, $\cos\theta = \dfrac{z + z^{-1}}{2}$ e $\operatorname{sen}\theta = \dfrac{z - z^{-1}}{2i}$ e $d\theta = \dfrac{dz}{iz}$, onde $|z| = 1$,

$$\int_0^{2\pi} \frac{\operatorname{sen} 2\theta}{\operatorname{sen}\theta + \cos\theta + 1}\, dx = \frac{2}{1+i} \int_{|z|=1} \frac{\dfrac{z^2 - z^{-2}}{2i}}{\underbrace{z^2(1+i) + 2iz - (1-i)}_{(z+1)(z+i)}}\, dz = -\frac{1}{(1+i)i} \int_{|z|=1} \frac{z^4 - 1}{z^2(z+1)(z+i)}\, dz,$$

Observe que temos três polos, um duplo, $z_0 = 0$, no interior da curva, e dois simples $(z_1 = -1,\ z_2 = -i)$, que não são interiores à curva, assim,

$$F(z) = \frac{f(z)}{(z-0)^2},\ f(0) \neq 0 \ \Rightarrow\ \operatorname{Res}(F,0) = f'(0)$$

$$\int_0^{2\pi} \frac{\operatorname{sen} 2\theta}{\operatorname{sen}\theta + \cos\theta + 1}\, dx = -\frac{1}{(1+i)i} \int_{|z|=1} \frac{f(z)}{(z-z_0)^2}\, dz = -\frac{1}{(1+i)i} \int_{|z|=1} \frac{\overbrace{\dfrac{z^4 - 1}{(z+1)(z+i)}}^{f(z)}}{\underbrace{z^2}_{(z-0)^2}}\, dz$$

$$f(z) = \frac{z^4 - 1}{(z+1)(z+i)} = (z^4 - 1)(z+1)^{-1}(z+i)^{-1},\ \text{para calcularmos a derivada de } f \text{ em } z = 0, \text{ vamos usar o}$$

"Método de diferenciação de Feynman":

$$f'(z) = \underbrace{(z^4 - 1)(z+1)^{-1}(z+i)^{-1}}_{f(z)}\left[\left(\frac{z^3}{z^4 - 1}\right) - \left(\frac{1}{z+1}\right) - \left(\frac{1}{z+i}\right)\right],\ \text{assim,}$$

$$f'(0) = (0^4 - 1)(0+1)^{-1}(0+i)^{-1}\left[\left(\frac{0^3}{0^4 - 1}\right) - \left(\frac{1}{0+1}\right) - \left(\frac{1}{0+i}\right)\right] = (-1)(+1)(-i)[-1+i] = -1 - i,$$

finalmente,

$$\int_0^{2\pi} \frac{\operatorname{sen} 2\theta}{\operatorname{sen}\theta + \cos\theta + 1}\, d\theta = -\frac{1}{(1+i)i} \int_{|z|=1} \frac{\dfrac{z^4 - 1}{(z+1)(z+i)}}{z^2}\, dz = -\frac{1}{(1+i)i}\left[2\pi i \operatorname{Res}(F,0)\right]$$

$$\int_0^{2\pi} \frac{\operatorname{sen} 2\theta}{\operatorname{sen}\theta + \cos\theta + 1}\, d\theta = -\frac{1}{(1+i)i}\left[2\pi i\, f'(0)\right] = -\frac{1}{(1+i)i}\left[2\pi i(-1-i)\right] = -2\pi.$$

d) Calcule a integral $\int_0^{2\pi} \dfrac{\cos 2\theta}{5-3\cos\theta}\,d\theta$

Solução:

Substituindo, $\cos\theta = \dfrac{z+z^{-1}}{2}$ e $\operatorname{sen}\theta = \dfrac{z-z^{-1}}{2i}$ e $d\theta = \dfrac{dz}{iz}$, onde $|z|=1$,

$$\int_0^{2\pi} \frac{\cos 2\theta}{5-3\cos\theta}\,d\theta = \int_{|z|=1} \frac{\dfrac{z^2+z^{-2}}{2}}{5-3\left(\dfrac{z+z^{-1}}{2}\right)}\frac{dz}{iz} = \int_{|z|=1} \frac{z^2+z^{-2}}{10-3\left(z+z^{-1}\right)}\frac{dz}{iz} = \int_{|z|=1} \frac{z^2+\dfrac{1}{z^2}}{10-3\left(z+\dfrac{1}{z}\right)}\frac{dz}{iz}$$

$$\int_0^{2\pi} \frac{\cos 2\theta}{5-3\cos\theta}\,d\theta = \int_{|z|=1} \frac{z^2+\dfrac{1}{z^2}}{-3z^2+10z-3}\frac{dz}{i} = i\int_{|z|=1} \frac{z^4+1}{z^2\left(3z^2-10z+3\right)}\,dz = \frac{i}{3}\int_{|z|=1} \frac{z^4+1}{z^2(z-3)\left(z-\dfrac{1}{3}\right)}\,dz$$

$$\int_0^{2\pi} \frac{\cos 2\theta}{5-3\cos\theta}\,d\theta = \frac{i}{3}\int_{|z|=1} \underbrace{\frac{\dfrac{z^4+1}{z-3}}{(z-0)^2\left(z-\dfrac{1}{3}\right)}}_{F(z)}\,dz$$, separamos o polo $z = 3$, uma vez que está fora da região de

integração, ficando com um polo duplo em $z = 0$ e um polo simples em $z = \dfrac{1}{3}$, vamos aos cálculos dos resíduos:

$$\operatorname{Res}\left(F,\frac{1}{3}\right) = \lim_{z\to\frac{1}{3}} \frac{z^4+1}{z^2\left(z-3\right)} = \frac{\dfrac{82}{81}}{\dfrac{1}{9}\left(-\dfrac{8}{3}\right)} = -\frac{41}{12}$$

$$\operatorname{Res}(F,0) = \frac{d}{dz}\left[\frac{z^4+1}{(z-3)\left(z-\dfrac{1}{3}\right)}\right]_{z=0} = \frac{z^4+1}{(z-3)\left(z-\dfrac{1}{3}\right)}\left[\frac{4z^3}{z^4+1}-\frac{1}{z-3}-\frac{1}{z-\dfrac{1}{3}}\right]_{z=0} = \frac{1}{3}+3 = \frac{10}{3}$$

Assim, pelo Teorema dos Resíduos,

$$\int_0^{2\pi} \frac{\cos 2\theta}{5-3\cos\theta}\,d\theta = \frac{i}{3}\int_{|z|=1} \frac{z^4+1}{z^2\left(z-\dfrac{1}{3}\right)(z-3)}\,dz = \frac{i}{3}\left[2\pi i\left(-\frac{41}{12}+\frac{10}{3}\right)\right] = \frac{\pi}{18}.$$

II) Cálculo de Integrais Impróprias:

As seguintes integrais recebem o nome de impróprias uma vez que um de seu intervalo de integração é infinito, assim, sejam, $\int_a^\infty f(x)\,dx$, $\int_{-\infty}^b f(x)\,dx$ e $\int_{-\infty}^\infty f(x)\,dx$, com a e b reais e $f(x)$ contínua, dizemos que:

- $\int_a^\infty f(x)\,dx$ converge, se $\lim\limits_{b\to\infty}\int_a^b f(x)\,dx = L_1$, $L_1 \in \mathbb{C}$;

- $\int_{-\infty}^b f(x)\,dx$ converge, se $\lim\limits_{a\to-\infty}\int_a^b f(x)\,dx = L_2$, $L_2 \in \mathbb{C}$

Já a integral, $\int_{-\infty}^\infty f(x)\,dx$, dizemos que converge, se ambas as integrais anteriores forem convergentes, nesse caso teremos $\int_{-\infty}^\infty f(x)\,dx = \lim\limits_{a\to-\infty}\int_a^0 f(x)\,dx + \lim\limits_{b\to\infty}\int_0^b f(x)\,dx$.

i) Valor Principal (VP) de Cauchy:

Chama-se **Valor Principal de Cauchy**, ou apenas, **VP**, da integral $\int_{-\infty}^\infty f(x)\,dx$, ao limite, se existir,

$$\boxed{\;VP\int_{-\infty}^\infty f(x)\,dx = \lim\limits_{a\to\infty}\int_{-a}^a f(x)\,dx\;}$$

Vale observar que mesmo que a integral não seja convergente, o seu limite pode existir. Um exemplo simples disso, é a integral $\int_{-\infty}^\infty x\,dx$. Repare que o valor principal de Cauchy existe, uma vez que,

$VP\int_{-\infty}^\infty x\,dx = \lim\limits_{a\to\infty}\int_{-a}^a x\,dx = \lim\limits_{a\to\infty}\left[\dfrac{x^2}{2}\right]_{-a}^a = \lim\limits_{a\to\infty}[0] = 0$. No entanto, para que a integral seja convergente,

precisamos que ambos, os dois limites da direita, a seguir, existam: $\int_{-\infty}^\infty x\,dx = \lim\limits_{a\to-\infty}\int_a^0 x\,dx + \lim\limits_{b\to\infty}\int_0^b x\,dx$, o que não ocorre, no entanto, podemos afirmar que, no caso de uma dada integral convergir, seu valor será igual ao **valor principal de Cauchy**.

Das duas propriedades das integrais de contorno, demonstradas anteriormente, e da teoria da convergência de séries, enunciamos dois importantes critérios[14] para a convergência de integrais impróprias:

- Se, para $-\infty \leq a < b \leq \infty$, onde $f(x)$ é uma função contínua, $\int_a^b |f(x)|\,dx$ é convergente, então $\int_a^b f(x)\,dx$ será convergente e $\left|\int_a^b f(x)\,dx\right| \leq \int_a^b |f(x)|\,dx$;

- Se existir uma função $g(x)$ limitante, tal que $|f(x)| \leq g(x)$ para todo o intervalo de integração e $\int_a^b g(x)\,dx$ for convergente, então $\int_a^b f(x)\,dx$ será convergente e $\left|\int_a^b f(x)\,dx\right| \leq \int_a^b g(x)\,dx$.

---

[14] Asmar, Nakhlé; Grafakos, Loukas. "Complex Analysis with Applicantions". Springer. Columbia, Missouri, USA.

Cauchy, idealizou um método para que pudéssemos utilizar funções complexas para nos ajudar na resolução de integrais impróprias reais, a ideia básica se tratava de transformarmos a integral de uma função real em complexa, o que, a grosso modo, seria substituir nossa variável x, por z, em seguida, deveríamos calcular a integral de contorno dessa função sobre uma curva fechada, cuja, uma de suas partes, no limite, quando os extremos de integração tendessem ao infinito, fosse igual ao V.P. da integral original e cujas outras partes, também no limite, tendessem a valores possíveis de serem calculados, dessa forma, ao aplicarmos o teorema dos resíduos, teríamos no primeiro membro o V.P. da integral pedida e os resultados dos cálculos da integral das outras partes da curva e no segundo membro, $2\pi i$ vezes a soma dos resíduos das singularidades internas ao contorno.

ii) Funções Racionais, contínuas em x (não dentadas): de $-\infty$ à $+\infty$

Podemos dizer que no fundo o problema consiste em encontrarmos a curva certa, de modo que, em princípio, contenham parte do eixo x e além disso, nos seja possível calcular o valor da integral sobre as outras partes da curva. Uma vez que estejamos transformando a função de real em complexa, espera-se que está seja analítica, por tanto, originalmente, a função real deverá ser contínua, de modo que a nossa função analítica, pelo menos por hora, não possua polos reais. No caso específico abordado, a curva que nos será plenamente satisfatória, será uma semicircunferência, cujo diâmetro se encontra sobre o eixo x e seu centro coincide com a origem, assim, no limite, poderíamos variar os extremos de $-\infty$ para $+\infty$, apenas calculando o limite para quando R tende a esses valores. Quanto ao comprimento inicial de R, bastará que seja suficientemente grande para que caibam dentro de si, os polos da função que estejam, ou acima, ou abaixo do eixo x. Ao ato de "substituirmos" a integração sobre o eixo x por uma curva fechada que contenha "parte" do eixo x damos o nome de **dobrar o caminho de integração**. No que se diz respeito à justificativa pela escolha da curva, essa se dará pelo fato, de que, respeitadas algumas condições, poderemos garantir a convergência da integral $\left(\text{VP}\int_{-\infty}^{\infty}f(x)dx = \int_{-\infty}^{\infty}f(x)dx\right)$ e ainda, ao fazermos R tender ao infinito, a integral sobre o arco de circunferência irá tender a zero, restando apenas a integral imprópria pedida de um lado e do outro a soma dos resíduos vezes $2\pi i$. Para exemplificar o que dissemos acima:

Seja $\int_{-\infty}^{\infty}F(x)dx$, com $F(x)$ analítica, exceto em um número finito de polos, z_k, acima do eixo x (ou abaixo), tal que, $F(x)$ não possua raízes reais e $F(x) = \dfrac{p(x)}{q(x)}$, $mdc[p(x), q(x)] = 1$, onde $\delta(q(x)) - \delta(p(x)) \geq 2$ [15].

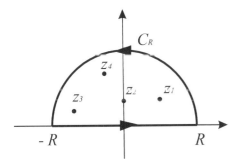

Seja então, a mudança de variável, de modo que $F(x) \to F(z)$, com seus polos e resíduos determinados. Seja agora a curva γ, tal que, $\gamma : [-R, R] \cup C_R$, assim, pelo Teorema dos Resíduos, temos:

$$\int_\gamma F(z)dz = \int_{-R}^{R} F(x)dx + \int_{C_R} F(z)dz = 2\pi i \sum_{k=1}^{4} \text{Re}(F, z_k)$$

$$\int_{-R}^{R} F(x)dx + \int_{C_R} F(z)dz = 2\pi i \sum_{k=1}^{4} \text{Re}(F, z_k)$$

Nas condições acima, quando $R \to \infty$, $\text{VP}\int_{-\infty}^{\infty}F(x)dx = \lim_{R\to\infty}\int_{-R}^{R}F(x)dx$ e $\lim_{R\to\infty}\int_{C_R}F(z)dz = 0$, assim,

$$\boxed{\int_{-\infty}^{\infty}F(x)dx = 2\pi i \sum_{k=1}^{4}\text{Re}(F, z_k)}$$

---

[15] lê-se: o grau de $q(x)$ menos o grau de $p(x)$ é maior ou igual a dois.

Vamos agora justificar a escolha das condições para que a integral acima seja convergente e para que no limite, $\int_{C_R} F(z)\,dz = 0$.

Teorema: "Seja a integral $\int_{-\infty}^{\infty} F(x)\,dx$ onde F é uma função racional irredutível que pode ser escrita como $F(x) = \dfrac{p(x)}{q(x)}$, onde $q(x)$ não possui raízes reais, se $\delta(q(x)) - \delta(p(x)) \geq 2$ então $\int_{-\infty}^{\infty} F(x)\,dx$ é convergente e ao dobrarmos o caminho de integração para uma curva de sentido positivo, γ $(\gamma = [-R, R] \cup C_R)$, representada por uma semicircunferência de centro na origem e raio R que contém pontos do semieixo positivo dos y, o $\lim\limits_{R \to \infty} \int_{C_R} F(z)\,dz = 0$."

Demonstração:

Da hipótese, temos,
$\delta(q(x)) - \delta(p(x)) = n \geq 2$, assim,
$\delta(q(z)) - \delta(p(z)) = n$
$\delta(q(z)) = \delta(z^n p(z))$, por tanto,
$\lim\limits_{z \to \infty} \dfrac{z^n p(z)}{q(z)} = L,\ L \in \mathbb{C}$

Da definição de limite, segue,
Seja dado um $\varepsilon > 0$, existe um $\delta > 0$, tal que
$$|z| > \delta \Rightarrow \left| \frac{z^n p(z)}{q(z)} - L \right| < \varepsilon$$
Da desigualdade triangular,
$$\left| \frac{z^n p(z)}{q(z)} - L \right| < \varepsilon \Rightarrow |z|^n |F(z)| < \varepsilon + |L|$$
$$|F(z)| < \frac{\varepsilon + |L|}{|z|^n}, \text{ seja } \varepsilon + |L| = k \text{ e, como } |z| = R, \text{ temos,}$$
$$|F(z)| < \frac{k}{R^n}$$
Do resultado acima e das propriedades de integração, temos,
$$\left| \int_{C_R} F(z)\,dz \right| \leq \int_{C_R} |F(z)|\,dz \leq \int_{C_R} \left| \frac{k}{R^n} \right| dz = \int_{C_R} \frac{k}{R^n}\,dz = \frac{k}{R^n} \int_{C_R} dz = \frac{k}{R^n} \pi R = \frac{k\pi}{R^{n-1}},$$
Por tanto, $\int_{-\infty}^{\infty} F(x)\,dx$ é convergente, ainda,
$$\left| \int_{C_R} F(z)\,dz \right| \leq \frac{k\pi}{R^{n-1}}, \text{ como } R > 1, \text{ temos que no limite, quando } R \to \infty,$$
$$\lim\limits_{R \to \infty} \left| \int_{C_R} F(z)\,dz \right| \leq \lim\limits_{R \to \infty} \frac{k\pi}{R^{n-1}} = 0$$

$\square$

Observação: O teorema também será válido se ao invés de escolhermos um arco que contenha pontos do semiplano positivo, escolhermos um com pontos no semiplano negativo, respeitando o sentido positivo de percurso.

e) Calcule a integral $\int_{-\infty}^{\infty} \frac{1}{x^4+1}\,dx$.

Solução:

A função do integrando é racional e analítica exceto em um conjunto finito de pontos acima do eixo x, não possui raízes reais e a diferença de grau entre o denominador e o numerador é maior que dois, o que significa que estamos nas condições do teorema. O que significa que,

$$\int_{-\infty}^{\infty} \frac{1}{x^4+1}\,dx = \mathrm{VP} \int_{-\infty}^{\infty} \frac{1}{x^4+1}\,dx = \lim_{R \to \infty} \int_{-R}^{R} \frac{1}{x^4+1}\,dx$$

Seja então agora, $F(z)$ a função $F(z) = \frac{1}{z^4+1}$,

$$F(z) = \frac{1}{z^4+1} = \frac{1}{\left[z-\left(\frac{\sqrt{2}}{2}+\frac{\sqrt{2}}{2}i\right)\right]\left[z-\left(\frac{\sqrt{2}}{2}-\frac{\sqrt{2}}{2}i\right)\right]\left[z+\left(\frac{\sqrt{2}}{2}+\frac{\sqrt{2}}{2}i\right)\right]\left[z+\left(\frac{\sqrt{2}}{2}-\frac{\sqrt{2}}{2}i\right)\right]},$$

temos somente dois polos no semieixo positivo dos y, $z_1 = \frac{\sqrt{2}}{2}+\frac{\sqrt{2}}{2}i$ e $z_2 = -\frac{\sqrt{2}}{2}+\frac{\sqrt{2}}{2}i$, assim,

Calculando os resíduos de cada um dos polos,

$$f\left(\frac{\sqrt{2}}{2}+\frac{\sqrt{2}}{2}i\right) = \frac{1}{\underbrace{\left[\frac{\sqrt{2}}{2}+\frac{\sqrt{2}}{2}i-\left(\frac{\sqrt{2}}{2}-\frac{\sqrt{2}}{2}i\right)\right]}_{\sqrt{2}i}\underbrace{\left[\frac{\sqrt{2}}{2}+\frac{\sqrt{2}}{2}i+\left(\frac{\sqrt{2}}{2}+\frac{\sqrt{2}}{2}i\right)\right]}_{\sqrt{2}+\sqrt{2}i}\underbrace{\left[\frac{\sqrt{2}}{2}+\frac{\sqrt{2}}{2}i+\left(\frac{\sqrt{2}}{2}-\frac{\sqrt{2}}{2}i\right)\right]}_{\sqrt{2}}}$$

$$f\left(\frac{\sqrt{2}}{2}+\frac{\sqrt{2}}{2}i\right) = \frac{1}{-2\sqrt{2}+2\sqrt{2}i} = \frac{-\sqrt{2}-\sqrt{2}i}{8}$$

$$f\left(-\frac{\sqrt{2}}{2}+\frac{\sqrt{2}}{2}i\right) = \frac{1}{\underbrace{\left[-\frac{\sqrt{2}}{2}+\frac{\sqrt{2}}{2}i-\left(\frac{\sqrt{2}}{2}+\frac{\sqrt{2}}{2}i\right)\right]}_{-\sqrt{2}}\underbrace{\left[-\frac{\sqrt{2}}{2}+\frac{\sqrt{2}}{2}i-\left(-\frac{\sqrt{2}}{2}-\frac{\sqrt{2}}{2}i\right)\right]}_{\sqrt{2}i}\underbrace{\left[-\frac{\sqrt{2}}{2}+\frac{\sqrt{2}}{2}i-\left(\frac{\sqrt{2}}{2}-\frac{\sqrt{2}}{2}i\right)\right]}_{-\sqrt{2}+\sqrt{2}i}}$$

$$f\left(-\frac{\sqrt{2}}{2}+\frac{\sqrt{2}}{2}i\right) = \frac{1}{2\sqrt{2}+2\sqrt{2}i} = \frac{\sqrt{2}-\sqrt{2}i}{8}$$

Seja agora, γ a curva $\gamma : [-R,R] \cup C_R$, então, pelo Teorema dos Resíduos, temos

$$\int_\gamma F(z)\,dz = \int_{-R}^{R} F(x)\,dx + \int_{C_R} F(z)\,dz = 2\pi i \sum \mathrm{Re}(F,z_k),$$

que, nas condições da hipótese, quando $R \to \infty$,

$$\int_{-\infty}^{\infty} F(x)dx = \int_{-\infty}^{\infty} \frac{1}{x^4+1}dx = 2\pi i \sum \text{Re}(F,z_k)$$

$$\int_{-\infty}^{\infty} \frac{1}{x^4+1}dx = 2\pi i \left[\text{Res}\left(F, \frac{\sqrt{2}}{2}+\frac{\sqrt{2}}{2}i\right) + \text{Res}\left(F, -\frac{\sqrt{2}}{2}+\frac{\sqrt{2}}{2}i\right)\right] = 2\pi i \left(\frac{-\sqrt{2}}{4}i\right)$$

$$\int_{-\infty}^{\infty} \frac{1}{x^4+1}dx = \frac{\sqrt{2}}{2}\pi$$

f) Mostre que, se $a,b,c \in \mathbb{R}$, $\Delta < 0$ então

a) $\int_{-\infty}^{\infty} \frac{1}{ax^2+bx+c}dx = \frac{2\pi}{\sqrt{-\Delta}}$

b) $\int_{0}^{\infty} \frac{1}{ax^2+bx+c}dx = \frac{2}{\sqrt{-\Delta}} \text{tg}^{-1}\left(\sqrt{\frac{-\Delta}{b^2}}\right)$

Solução:
a) Uma vez que a equação de 2° grau não possua raízes reais e seus coeficientes sejam reais, podemos afirmar que as raízes complexas serão conjugadas, por tanto, uma acima do eixo real e outra abaixo, sem perda de generalidade, vamos considerar a parte real da raiz, positiva,

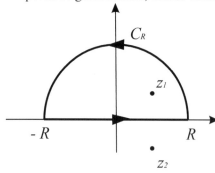

Seja $F(z) = \frac{1}{az^2+bz+c}$, podemos escrever,

$$\int_{\gamma} F(z)dz = \int_{-R}^{R} F(x)dx + \int_{C_R} F(z)dz = 2\pi i \text{Re}(F,z_1),$$

No limite,

$$\int_{\gamma} F(z)dz = \int_{-\infty}^{\infty} F(x)dx + \cancel{\int_{C_R} F(z)dz}$$

Assim,

$$\int_{\gamma} F(z)dz = \int_{-\infty}^{\infty} F(x)dx = 2\pi i \text{Re}(F,z_1),$$

Cálculo do resíduo em z_1,

$z_1 = \frac{-b+\sqrt{\Delta}}{2a}$

$\text{Res}(F(z),z_1) = \lim_{z \to z_1}(z-z_1)\frac{1}{az^2+bz+c} = \lim_{z \to z_1}\frac{z-z_1}{az^2+bz+c}$, o limite é do tipo $\frac{0}{0}$, aplicando L'Hospital,

$\text{Res}(F(z),z_1) = \lim_{z \to z_1}\frac{1}{2az+b} = \frac{1}{2\cancel{a}\left(\frac{-b+\sqrt{\Delta}}{2\cancel{a}}\right)+b} = \frac{1}{\sqrt{\Delta}}$, por tanto,

$$\int_{\gamma} F(z)dz = \int_{-\infty}^{\infty} F(x)dx = 2\pi i \text{Re}(F,z_1) = 2\pi i \frac{1}{\sqrt{\Delta}}$$

$\int_{-\infty}^{\infty} F(x)\,dx = \dfrac{2\pi i}{\sqrt{\Delta}}$, como $\Delta < 0$, podemos reescrever,

$$\int_{-\infty}^{\infty} F(x)\,dx = \dfrac{2\pi}{\sqrt{-\Delta}}$$

$\square$

b) $\displaystyle\int_{0}^{\infty} \dfrac{1}{ax^2+bx+c}\,dx = \int_{0}^{\infty} \dfrac{1}{a\left(x^2+\dfrac{b}{a}x+\dfrac{c}{a}\right)}\,dx = \dfrac{1}{a}\int_{0}^{\infty} \dfrac{1}{\left(x^2+\dfrac{b}{a}x+\dfrac{b^2}{4a^2}\right)-\dfrac{b^2}{4a^2}+\dfrac{c}{a}}\,dx = \dfrac{1}{a}\int_{0}^{\infty} \dfrac{1}{\left(x+\dfrac{b}{2a}\right)^2+\dfrac{(-\Delta)}{4a^2}}\,dx$

$\displaystyle\int_{0}^{\infty} \dfrac{1}{ax^2+bx+c}\,dx = \dfrac{4a}{b^2}\int_{0}^{\infty} \dfrac{1}{\dfrac{4a}{b^2}\left[\left(x+\dfrac{b}{2a}\right)^2+\dfrac{(-\Delta)}{4a^2}\right]}\,dx = \dfrac{4a}{b^2}\int_{0}^{\infty} \dfrac{1}{\left(\dfrac{2a}{b}x+1\right)^2+\dfrac{(-\Delta)}{b^2}}\,dx$

Seja $u = \dfrac{2a}{b}x+1$, $du = \dfrac{2a}{b}dx$ e $\begin{cases} x=\infty \to u=\infty \\ x=0 \to u=1 \end{cases}$

$\displaystyle\int_{0}^{\infty} \dfrac{1}{ax^2+bx+c}\,dx = \dfrac{4a}{b^2}\int_{0}^{\infty} \dfrac{1}{u^2+\dfrac{(-\Delta)}{b^2}}\dfrac{b}{2a}\,du = \dfrac{2}{b}\int_{1}^{\infty} \dfrac{1}{u^2+\dfrac{(-\Delta)}{b^2}}\,du$,

Seja agora, $u = \dfrac{1}{v}$, $du = \dfrac{-1}{v^2}dv$ e $\begin{cases} u=\infty \to v=0 \\ u=1 \to v=1 \end{cases}$,

$\displaystyle\int_{0}^{\infty} \dfrac{1}{ax^2+bx+c}\,dx = \dfrac{2}{b}\int_{1}^{0} \dfrac{1}{\dfrac{1}{v^2}+\dfrac{(-\Delta)}{b^2}}\dfrac{-1}{v^2}\,dv = \dfrac{2}{b}\int_{0}^{1} \dfrac{1}{\dfrac{(-\Delta)}{b^2}v^2+1}\,dv = \dfrac{2}{b}\int_{0}^{1} \dfrac{1}{\left(\sqrt{\dfrac{-\Delta}{b^2}}\,v\right)^2+1}\,dv$

Seja $y = \sqrt{\dfrac{-\Delta}{b^2}}\,v$, $dy = \sqrt{\dfrac{-\Delta}{b^2}}\,dv$ e $\begin{cases} v=1 \to y=\sqrt{\dfrac{-\Delta}{b^2}} \\ v=0 \to y=0 \end{cases}$

$\displaystyle\int_{0}^{\infty} \dfrac{1}{ax^2+bx+c}\,dx = \dfrac{2}{b}\int_{0}^{\sqrt{\frac{-\Delta}{b^2}}} \dfrac{1}{y^2+1}\sqrt{\dfrac{b^2}{-\Delta}}\,dy = \dfrac{2}{\sqrt{-\Delta}}\,\mathrm{tg}^{-1}\left(\sqrt{\dfrac{-\Delta}{b^2}}\right)$

g) Calcule a integral $\displaystyle\int_{-\infty}^{\infty} \dfrac{x^2}{\left(x^2+1\right)\left(x^2+x+1\right)}\,dx$.

Solução:

O denominador não possui raízes reais e a diferença de grau entre o denominador e o numerador é dois, assim, seja,

$$F(z) = \frac{z^2}{(z^2+1)(z^2+z+1)} = \frac{z^2}{(z+i)^2 (z-i)^2 \left[z - \left(-\frac{1}{2} + \frac{\sqrt{3}}{2}i \right) \right] \left[z - \left(-\frac{1}{2} - \frac{\sqrt{3}}{2}i \right) \right]}$$

A função possui dois polos acima do eixo x, o polo $z_1 = i$ de ordem 2 e o polo $z_2 = -\frac{1}{2} + \frac{\sqrt{3}}{2}i$ de ordem 1, calculando os resíduos,

$$\text{Res}(F,i) = f'(i),\ f(z) = \frac{z^2}{(z+i)^2 (z^2+z+1)}$$

$$f'(z) = \frac{z^2}{(z+i)^2 (z^2+z+1)} \left[\frac{2}{z} - \frac{2}{z+i} - \frac{2z+1}{z^2+z+1} \right] \Rightarrow f'(i) = \frac{i}{2}$$

$$\text{Res}\left(F, -\frac{1}{2} + \frac{\sqrt{3}}{2}i \right) = f\left(-\frac{1}{2} + \frac{\sqrt{3}}{2}i \right),\ f(z) = \frac{z^2}{(z^2+1)^2 \left[z - \left(-\frac{1}{2} - \frac{\sqrt{3}}{2}i \right) \right]} \Rightarrow f\left(-\frac{1}{2} + \frac{\sqrt{3}}{2}i \right) = -\frac{\sqrt{3}}{3}i,$$

Seja agora, γ a curva $\gamma : [-R, R] \cup C_R$, então, pelo Teorema dos Resíduos, temos

$$\int_\gamma F(z)\,dz = \int_{-R}^{R} F(x)\,dx + \int_{C_R} F(z)\,dz = 2\pi i \sum \text{Re}(F, z_k),$$

que, nas condições da hipótese, quando $R \to \infty$,

$$\int_{-\infty}^{\infty} F(x)\,dx = \int_{-\infty}^{\infty} \frac{x^2}{(x^2+1)(x^2+x+1)}\,dx = 2\pi i \sum \text{Re}(F, z_k)$$

Finalizando,

$$\int_{-\infty}^{\infty} \frac{x^2}{(x^2+1)^2 (x^2+x+1)}\,dx = 2\pi i \left[\text{Res}(F,i) + \text{Res}\left(F, -\frac{1}{2} + \frac{\sqrt{3}}{2}i \right) \right]$$

$$\int_{-\infty}^{\infty} \frac{x^2}{(x^2+1)^2 (x^2+x+1)}\,dx = 2\pi i \left(\frac{i}{2} - \frac{\sqrt{3}}{3}i \right) = \frac{2\pi}{\sqrt{3}} - \pi$$

iii) **Funções Racionais, Contínuas em x (não dentadas):** de $0\ \grave{a} +\infty$

Como uma das extremidades de integração é fixa, $x = 0$, apenas um dos extremos de integração tenderá ao infinito, por tanto, é evidente que a semicircunferência utilizada anteriormente não será apropriada, uma vez que cada um dos raios tendia ao infinito, a saída mais evidente será utilizarmos um setor com vértice na origem, de ângulo central α e raio R. Onde vamos constatar que a integral de linha sobre o arco, no limite, também será nula.

h) Calcule a integral $\int_0^\infty \frac{1}{x^3+1}dx$.

Solução:

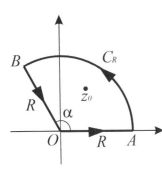

Seja, $F(z) = \frac{1}{z^3+1}$,

A função possui três polos simples, $z_k = e^{\frac{\pi}{3}i + \frac{2k\pi}{3}}$, para $k = 0$, 1 e 2.

Como o resultado independe da curva de contorno, vamos escolher $\alpha = \frac{2\pi}{3}$, desse modo, o único polo interior à curva será $z_0 = e^{\frac{\pi}{3}i}$. Vamos calcular o valor do resíduo:

$F(z) = \frac{p(z)}{q(z)}$, $\text{Res}(F, z_o) = \frac{p(z_0)}{q'(z_0)}$, assim,

$q'(z) = 3z^2 \Rightarrow q'(z_0) = 3e^{\frac{2\pi}{3}i} = -\frac{3}{2} + \frac{3\sqrt{3}}{2}i$

$\text{Res}(F, z_o) = \frac{p(z_0)}{q'(z_0)} = \frac{1}{-\frac{3}{2} + \frac{3\sqrt{3}}{2}i} = \frac{-1-\sqrt{3}i}{6}$

Parametrizando a curva γ:

$OA: z(x) = x$, $0 \leq x \leq R$, $dz = dx$

$BO: z(x) = xe^{\frac{2\pi}{3}i}$, $R \leq x \leq 0$, $dz = e^{\frac{2\pi}{3}i}dx$,

Quanto ao arco C_R, observe o desenvolvimento,

$\left|\int_{C_R} \frac{1}{z^3+1}dz\right| \leq \int_{C_R} \left|\frac{1}{z^3+1}\right||dz| \leq \int_{C_R} \frac{1}{|z|^3-1}|dz| = \frac{1}{R^3-1}\int_{C_R}|dz| = \frac{2\pi}{3}\frac{R}{(R^3-1)}$ [16]

Que nos mostra que $\lim_{R\to\infty} \frac{2\pi}{3}\frac{R}{(R^3-1)} = 0$, por tanto,

$\lim_{R\to\infty}\left|\int_{C_R}\frac{1}{z^3+1}dz\right| = 0 \Rightarrow \lim_{R\to\infty}\int_{C_R}\frac{1}{z^3+1}dz = 0$, o que significa que mais uma vez não precisamos nos preocupar com o cálculo da integral sobre o arco. O que era de se esperar, uma vez que não estamos fora das condições do teorema, a única diferença é que ao invés de utilizarmos meia circunferência, usamos um setor de ângulo α, o que não interfere no limite quando este tende ao infinito.

Do Teorema dos Resíduos temos que:

$\int_\gamma \frac{1}{z^3+1}dz = \int_{OA}\frac{1}{z^3+1}dz + \int_{C_R}\frac{1}{z^3+1}dz + \int_{BO}\frac{1}{z^3+1}dz = 2\pi i\sum_{k=0}^{2}\text{Res}\left(F, e^{\frac{\pi}{3}i+\frac{2k\pi}{3}}\right)$

---

[16] $|a-b| \geq ||a|-|b|| \Rightarrow \frac{1}{|a-b|} \leq \frac{1}{||a|-|b||}$

$$\int_\gamma \frac{1}{z^3+1}dz = \int_0^R \frac{1}{x^3+1}dx + \int_{C_R} \frac{1}{z^3+1}dz + \int_R^0 \frac{e^{\frac{2\pi}{3}i}}{\left(xe^{\frac{2\pi}{3}i}\right)^3+1}dx = 2\pi i\left(\frac{-1-\sqrt{3}i}{6}\right)$$

$$\int_{C_R} \frac{1}{z^3+1}dz + \int_0^R \frac{1}{x^3+1}dx - e^{\frac{2\pi}{3}i}\int_0^R \frac{1}{x^3+1}dx = 2\pi i\left(\frac{-1-\sqrt{3}i}{6}\right)$$

$$\int_{C_R} \frac{1}{z^3+1}dz + \left(1-e^{\frac{2\pi}{3}i}\right)\int_0^R \frac{1}{x^3+1}dx = 2\pi i\left(\frac{-1-\sqrt{3}i}{6}\right)$$

$$\int_{C_R} \frac{1}{z^3+1}dz + \left(\frac{3}{2}-\frac{\sqrt{3}}{2}i\right)\int_0^R \frac{1}{x^3+1}dx = 2\pi i\left(\frac{-1-\sqrt{3}i}{6}\right), \text{ no limite, quando } R \to \infty,$$

$$\left(\frac{3}{2}-\frac{\sqrt{3}}{2}i\right)\int_0^\infty \frac{1}{x^3+1}dx = 2\pi i\left(\frac{-1-\sqrt{3}i}{6}\right)$$

$$\int_0^\infty \frac{1}{x^3+1}dx = \frac{2\pi}{3\sqrt{3}}$$

i) Calcule a integral $\int_0^\infty \frac{1}{x^n+1}dx$

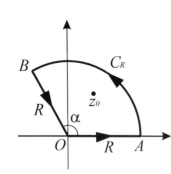

Seja, $F(z) = \frac{1}{z^n+1}$. A função possui n polos simples, $z_k = e^{\frac{\pi}{n}i+\frac{2k\pi}{n}}$, para $k = 0, 1, 2, \ldots, n-1$. Como o resultado independe da curva de contorno, vamos escolher $\alpha = \frac{2\pi}{n}$, desse modo, o único polo interior à curva será $z_0 = e^{\frac{\pi}{n}i}$.

Vamos calcular o valor do resíduo:

$$F(z) = \frac{p(z)}{q(z)}, \quad \text{Res}(F, z_o) = \frac{p(z_0)}{q'(z_0)}, \text{ assim,}$$

$$q'(z) = nz^{n-1} \Rightarrow q'(z_0) = ne^{\frac{\pi}{n}i(n-1)} = -ne^{\frac{-\pi}{n}i}$$

$$\text{Res}(F, z_o) = \frac{p(z_0)}{q'(z_0)} = \frac{1}{-ne^{\frac{-\pi}{n}i}} = -\frac{e^{\frac{\pi}{n}i}}{n}$$

Parametrizando a curva γ:
$OA: z(x) = x, \ 0 \le x \le R, \ dz = dx$
$BO: z(x) = xe^{\frac{2\pi}{n}i}, \ R \le x \le 0, \ dz = e^{\frac{2\pi}{n}i}dx,$

Quanto ao arco C_R, como vimos no exercício anterior, continuamos nas condições do teorema, assim, $\lim\limits_{R\to\infty}\int_{C_R}\dfrac{1}{z^n+1}dz=0$, assim, do Teorema dos Resíduos segue:

$$\int_{\gamma}\frac{1}{z^n+1}dz=\int_{OA}\frac{1}{z^n+1}dz+\int_{C_R}\frac{1}{z^n+1}dz+\int_{BO}\frac{1}{z^n+1}dz=2\pi i\sum_{k=0}^{n-1}\text{Res}\left(F,e^{\frac{\pi}{n}i+\frac{2k\pi}{n}}\right)$$

desse modo, ficamos com,

$$\int_{\gamma}\frac{1}{z^n+1}dz=\int_0^R\frac{1}{x^n+1}dx+\int_{C_R}\frac{1}{z^n+1}dz+\int_R^0\frac{e^{\frac{2\pi}{n}i}}{x^n+1}dx=2\pi i\left(-\frac{e^{\frac{\pi}{n}i}}{n}\right)$$

$$\int_0^R\frac{1}{x^n+1}dx-e^{\frac{2\pi}{n}i}\int_0^R\frac{1}{x^n+1}dx+\int_{C_R}\frac{1}{z^n+1}dz=-\frac{2\pi e^{\frac{\pi}{n}i}i}{n}$$

$$\left(1-e^{\frac{2\pi}{n}i}\right)\int_0^R\frac{1}{x^n+1}dx+\int_{C_R}\frac{1}{z^n+1}dz=-\frac{2\pi e^{\frac{\pi}{n}i}i}{n}\text{, no limite, quando } R\to\infty\text{ ,}$$

$$\int_0^{\infty}\frac{1}{x^n+1}dx=-\frac{2\pi e^{\frac{\pi}{n}i}i}{n\left(1-e^{\frac{2\pi}{n}i}\right)}=\frac{2\pi e^{\frac{\pi}{n}i}i}{n\left(e^{\frac{2\pi}{n}i}-1\right)}=\frac{\frac{\pi}{n}}{\frac{1}{2i}\left(\frac{e^{\frac{2\pi}{n}i}-1}{e^{\frac{\pi}{n}i}}\right)}=\frac{\frac{\pi}{n}}{\frac{1}{2i}\left(e^{\frac{\pi}{n}i}-e^{-\frac{\pi}{n}i}\right)}=\frac{\pi}{n}\text{cossec}\left(\frac{\pi}{n}\right)$$

Obs.: A mesma integral já havia sido calculada de modo muito mais trabalhoso com a ajuda da função Gama e integrais duplas.

Dentro das possibilidades de integrais reais que exploramos, já abordamos integrais trigonométricas (cujo intervalo de integração permitia ser parametrizado por uma curva fechada), integrais impróprias de funções racionais (até o momento, sem zeros reais, o que nos permitiu garantir a convergência das integrais, para as condições dadas), tendo sido estas, com um ou os dois limites de integração impróprios. Nesses casos, como vimos, as curvas se resumiam a setores de circunferência com um de seus lados contidos no eixo x.

Quando lidamos com funções trigonométricas percebemos que, em se tratando de polos, decorrentes destas funções (em casos gerais), esses podem ser infinitos, ou seja, estaríamos lidando com singularidades essenciais. Por essa razão é que nas integrais com singularidades geradas por funções trigonométricas, não pudemos utilizar limites impróprios, pois no caso da semicircunferência como curva de contorno, por exemplo, se tivéssemos singularidades geradas por funções circulares, essas, poderiam se repetir periodicamente, por exemplo, a cada $2k\pi, k\in\mathbb{Z}$, e por tanto ao variarmos os valores de k, encontraríamos novos polos ao longo de todo o eixo x, ou seja, na medida em que o raio R, tendesse ao infinito, "novos" polos no eixo x seriam incluídos dentro da semicircunferência e consequentemente "novos" resíduos seriam adicionados "indefinidamente", o que nos levaria a uma impossibilidade de solucionar o problema. Em se tratando de funções racionais (ainda evitando polos no eixo x por questões iniciais de convergência), se ao invés de uma função trigonométrica, tivéssemos no denominador uma função exponencial do tipo $ae^{bx}+c$, com obviamente $c>0$, teríamos dessa vez, infinitos polos sobre o eixo y, o que nos forçaria a mudar o tipo de contorno, pois se a medida em que o raio fosse sendo incrementado, a semicircunferência iria "varrer" o eixo y, incluindo novos polos e resíduos. A forma de evitarmos isso, seria encontrarmos uma curva que estivesse parcialmente no eixo real e não mudasse sua "altura" ao ser forçada a percorrer o eixo x no limite.

A curva mais óbvia nesse caso nos parece ser um retângulo. Seja, por exemplo, a integral $\int_{-\infty}^{\infty}\dfrac{e^x}{e^{5x}+1}dx$, cuja convergência fica facilmente determinada uma vez que o denominador não vai para zero, independentemente do valor de x que venhamos a utilizar, não importando se este tender a mais ou a menos infinito, e ainda é sempre maior que a do numerador a medida em que x se aproxima do infinito, impedindo que o integrando divirja e a medida em que vai para menos infinito a função fica limitada por $\dfrac{e^x}{1}$.

j) Calcule a integral $\displaystyle\int_{-\infty}^{\infty}\dfrac{e^x}{e^{5x}+1}dx$.

Solução:

Seja a função $F(z)=\dfrac{e^z}{e^{5z}+1}$.

Cálculo dos polos de $F(z)$:

$e^{5z}+1=0 \Leftrightarrow e^{5z}=-1=e^{i\pi} \Leftrightarrow 5z=i\pi+2k\pi i \Leftrightarrow z_k=(2k+1)\dfrac{\pi}{5}i$, $k\in\mathbb{Z}$,

Cálculo do Resíduo no polo $z_0=\dfrac{\pi}{5}i$:

$F(z)=\dfrac{p(z)}{q(z)}$, $\operatorname{Res}(F,z_o)=\dfrac{p(z_0)}{q'(z_0)}$, assim,

$q'(z)=5e^{5z}\Rightarrow q'(z_0)=5e^{5\frac{\pi}{5}i}=-5$

$\operatorname{Res}(F,z_o)=\dfrac{p(z_0)}{q'(z_0)}=-\dfrac{e^{\frac{\pi}{5}i}}{5}$

Seja agora a curva γ representada pelo retângulo de base no intervalo [-R, R] do eixo x e altura $\dfrac{2\pi}{5}i$, cuja escolha, ao invés de, por exemplo, i, ficará evidente no decorrer do desenvolvimento.

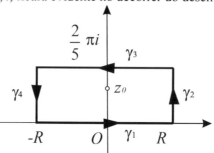

$\gamma_1:[-R,R]$, $z(x)=x$, $-R\leq x\leq R$, $dz=dx$

$\gamma_3:z(x)=x+\dfrac{2\pi}{5}i$, $R\leq x\leq -R$, $dz=dx$

Do Teorema dos Resíduos temos que:

$\displaystyle\int_{\gamma}\dfrac{e^z}{e^{5z}+1}dz=\int_{\gamma_1}\dfrac{e^z}{e^{5z}+1}dz+\int_{\gamma_2}\dfrac{e^z}{e^{5z}+1}dz+\int_{\gamma_3}\dfrac{e^z}{e^{5z}+1}dz+\int_{\gamma_4}\dfrac{e^z}{e^{5z}+1}dz=2\pi i\operatorname{Res}\left(F,\dfrac{\pi}{5}i\right)$

Assim,

$\displaystyle\int_{\gamma_1}\dfrac{e^z}{e^{5z}+1}dz=\int_{-R}^{R}\dfrac{e^x}{e^{5x}+1}dx$

$$\int_{\gamma_3} \frac{e^z}{e^{5z}+1}dz = \int_R^{-R} \frac{e^{x+\frac{2\pi}{5}i}}{e^{5\left(x+\frac{2\pi}{5}i\right)}+1}dx = -e^{\frac{2\pi}{5}i}\int_{-R}^R \frac{e^x}{e^{5x+2\pi i}+1}dx$$, graças a periodicidade da função exponencial,

podemos escrever $e^{5x+2\pi i} = e^{5x}$, no denominador. E isso só foi possível por conta da escolha da altura de nosso retângulo como $\frac{2\pi}{5}i$, assim,

$$\int_{\gamma_3} \frac{e^z}{e^{5z}+1}dz = -e^{\frac{2\pi}{5}i}\int_{-R}^R \frac{e^x}{e^{5x}+1}dx$$

Vamos agora calcular a integral nos braços verticais do retângulo,

$$\gamma_2 : z(x) = R + yi,\ 0 \le y \le \frac{2\pi}{5}i,\ dz = dy$$

Das propriedades da desigualdade triangular, vem que,

$$\left|e^{5z}+1\right| \ge \left|e^{5z}\right| - 1,\ \text{onde}\ \left|e^{5z}\right| = \left|e^{5(R+yi)}\right| = \left|e^{5R}\right|\left|e^{5yi}\right| = \left|e^{5R}\right| = e^{5R}\ ,\ \text{assim,}$$

$$\left|e^{5z}+1\right| \ge e^{5R}-1 \Rightarrow \frac{1}{\left|e^{5z}+1\right|} \le \frac{1}{e^{5R}-1} \Rightarrow \frac{\left|e^z\right|}{\left|e^{5z}+1\right|} \le \frac{\left|e^z\right|}{e^{5R}-1} \Rightarrow \frac{\left|e^z\right|}{\left|e^{5z}+1\right|} \le \frac{e^R}{e^{5R}-1},\ \text{ou seja,}$$

$$\left|F(z)\right| \le \frac{e^R}{e^{5R}-1} = \frac{1}{e^{4R}-e^{-R}} \Rightarrow \left|F(z)\right| \le \frac{1}{e^{4R}-e^{-R}}\ ,\ \text{utilizando a desigualdade } ML, \text{ vem que,}$$

$$\left|\int_{\gamma_2} \frac{e^z}{e^{5z}+1}dz\right| \le \underbrace{\frac{1}{e^{4R}-e^{-R}}}_{M} \cdot \underbrace{\frac{2\pi}{5}}_{L} \Rightarrow \left|\int_{\gamma_2} \frac{e^z}{e^{5z}+1}dz\right| \le \frac{\frac{2\pi}{5}}{e^{4R}-e^{-R}}\ ,\ \text{de onde podemos afirmar que, para } R \to \infty,$$

$$\left|\int_{\gamma_2} \frac{e^z}{e^{5z}+1}dz\right| \to 0 \Rightarrow \lim_{R\to\infty}\int_{\gamma_2}\frac{e^z}{e^{5z}+1}dz = 0,\ \text{de modo análogo podemos concluir que, } \lim_{R\to\infty}\int_{\gamma_4}\frac{e^z}{e^{5z}+1}dz = 0,$$

Finalmente, retornando ao Teorema dos Resíduos, ficamos com,

$$\int_{\gamma}\frac{e^z}{e^{5z}+1}dz = \int_{\gamma_1}\frac{e^z}{e^{5z}+1}dz + \int_{\gamma_2}\frac{e^z}{e^{5z}+1}dz + \int_{\gamma_3}\frac{e^z}{e^{5z}+1}dz + \int_{\gamma_4}\frac{e^z}{e^{5z}+1}dz = 2\pi i\,\mathrm{Res}\left(F,\frac{\pi}{5}i\right)$$

$$\int_{-\infty}^{\infty}\frac{e^x}{e^{5x}+1}dx - e^{\frac{2\pi}{5}i}\int_{-\infty}^{\infty}\frac{e^x}{e^{5x}+1}dx = 2\pi i\left(-\frac{e^{\frac{\pi}{5}i}}{5}\right)$$

$$\left(1-e^{\frac{2\pi}{5}i}\right)\int_{-\infty}^{\infty}\frac{e^x}{e^{5x}+1}dx = \frac{2\pi}{5}i\left(-e^{\frac{\pi}{5}i}\right) \Rightarrow \int_{-\infty}^{\infty}\frac{e^x}{e^{5x}+1}dx = -\frac{2\pi}{5}i\left(\frac{e^{\frac{\pi}{5}i}}{1-e^{\frac{2\pi}{5}i}}\right) = \frac{2\pi}{5}i\left[\frac{1}{e^{\frac{\pi}{5}i}}\left(\frac{1}{e^{\frac{2\pi}{5}i}-1}\right)\right]$$

$$\int_{-\infty}^{\infty}\frac{e^x}{e^{5x}+1}dx = \frac{\pi}{5}\left(\frac{1}{\frac{e^{\frac{\pi}{5}}-e^{-\frac{\pi}{5}}}{2i}}\right) = \frac{\pi}{5}\frac{1}{\operatorname{sen}\left(\frac{\pi}{5}\right)} = \frac{\pi}{5}\operatorname{cossec}\left(\frac{\pi}{5}\right)$$

Se quiséssemos generalizar o procedimento acima, poderíamos resolver da mesma maneira uma integral do tipo $\int_{-\infty}^{\infty}\frac{e^{ax}}{e^{bx}+c}dx$, bastando para isso que $0 < a < b$ e $c > 0$, o que, como justificamos durante o exercício anterior, implica na convergência da integral e no anulamento das integrais de linha nos braços verticais da curva.

Vamos agora calcular a integral de Gauss por meio do Teorema dos Resíduos. O objetivo é revisarmos o que vimos até o momento e com isso reforçarmos as habilidades adquiridas.

k) Calcule a integral de Gauss, $\int_{-\infty}^{\infty}e^{-x^2}dx$, por meio da Teoria dos Resíduos.

Solução:
Para que a teoria dos resíduos funcionasse de maneira apropriada, supondo que, como vimos, trabalhando com exponenciais o melhor contorno seria um retângulo e cujas integrais dos braços laterais fossem iguais a zero no limite, deveríamos ter o seguinte desenvolvimento:

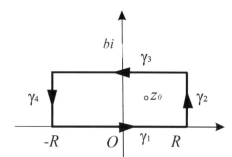

Do Teorema dos Resíduos,

$$\int_{\gamma_1}F(z)dz + \int_{\gamma_2}F(z)dz + \int_{\gamma_3}F(z)dz + \int_{\gamma_4}F(z)dz = 2\pi i\sum\operatorname{Res}(F)$$

$$\int_{-R}^{R}F(x)dx + \int_{\gamma_2}F(z)dz + \int_{R}^{-R}F(x+bi)dx + \int_{\gamma_4}F(z)dz = 2\pi i\sum\operatorname{Res}(F)$$

No limite, quando $R \to \infty$,

$$\int_{-R}^{R}F(x)dx + \underbrace{\int_{\gamma_2}F(z)dz}_{0} + \int_{R}^{-R}F(x+bi)dx + \underbrace{\int_{\gamma_4}F(z)dz}_{0} = 2\pi i\sum\operatorname{Res}(F)$$

$$\int_{-\infty}^{\infty}F(x)dx - \int_{-\infty}^{\infty}F(x+bi)dx = 2\pi i\sum\operatorname{Res}(F) \Rightarrow \int_{-\infty}^{\infty}\underbrace{F(x)-F(x+bi)}_{e^{-x^2}}dx = 2\pi i\sum\operatorname{Res}(F)$$

Ou seja, precisamos encontrar uma função $F(x)$, na verdade, $F(z)$, tal que,

$$\boxed{F(z)-F(z+bi)=e^{-z^2}}$$

Para isso, vamos dividir nossa solução em partes.
Parte 1: $F(z)$

Vamos considerar que nossa função seja do tipo $F(z) = \dfrac{e^{-z^2}}{g(z)}$, assim, devemos encontrar uma $g(z)$ que satisfaça:

$F(z) - F(z+bi) = e^{-z^2}$, ou seja, $\dfrac{e^{-z^2}}{g(z)} - \dfrac{e^{-(z+bi)^2}}{g(z+bi)} = e^{-z^2}$

Na verdade, ao escolhermos os lados da curva de contorno como verticais, estamos limitando nossas opções, vamos considerar, ao invés de bi, um imaginário puro, vamos usar $c \in \mathbb{C}$ $(c \notin \mathbb{R})$, um número complexo não real. Ainda, para que possamos prosseguir, vamos também supor que $g(z)$ é uma função periódica de período c, desse modo $g(z) = g(z+c)$,

$$\frac{e^{-z^2}}{g(z)} - \frac{e^{-(z+c)^2}}{g(z+c)} = e^{-z^2} \Rightarrow \frac{e^{-z^2}}{g(z)} - \frac{e^{-z^2-2cz-c^2}}{g(z)} = e^{-z^2} \Rightarrow \frac{\cancel{e^{-z^2}}}{g(z)} - \frac{\cancel{e^{-z^2}} e^{-2cz-c^2}}{g(z)} = \cancel{e^{-z^2}} \Rightarrow g(z) = 1 - e^{-2cz-c^2}$$

Fazendo $g(z) = g(z+c)$,

$$g(z) = 1 - e^{-2cz-c^2} = 1 - e^{-2c(z+c)-c^2} = g(z+c) \Rightarrow 1 - e^{-2cz-c^2} = 1 - e^{-2cz-c^2-2c^2} = 1 - e^{-2cz-c^2} e^{-2c^2}$$

$$1 - e^{-2cz-c^2} = 1 - e^{-2cz-c^2} e^{-2c^2} \Rightarrow e^{-2c^2} = 1 = e^{2k\pi i}, \; k \in \mathbb{Z} \Rightarrow e^{2c^2} = e^{2k\pi i} \Rightarrow c = \sqrt{\pi i k} \; ,$$

Para $k = 0$, temos uma solução trivial, o nosso contorno seria apenas o segmento no eixo x de $-R$ até R, vamos então usar o valor $k = 1$ para resolver o nosso problema, assim, substituindo em $g(z)$,

$$g(z) = 1 - e^{-2\sqrt{\pi i}z - \pi k i} = 1 - e^{-2\sqrt{\pi i}z} \underbrace{e^{-\pi k i}}_{-1} = 1 + e^{-2\sqrt{\pi i}z} \quad \Rightarrow \quad \boxed{F(z) = \frac{e^{-z^2}}{1 + e^{-2\sqrt{\pi i}z}}}$$

Parte 2: Polos de $F(z)$

$$1 + e^{-2\sqrt{\pi i}z} = 0 \Leftrightarrow e^{-2\sqrt{\pi i}z} = -1 = e^{(2k+1)\pi i} \Leftrightarrow z = (2k+1)\frac{\pi i}{2\sqrt{\pi i}} \Leftrightarrow z = (2k+1)\frac{\sqrt{\pi i}}{2} \text{ , para } k = 0,$$

$$z_0 = \frac{\sqrt{\pi i}}{2} = \sqrt{i}\frac{\sqrt{\pi}}{2} = \frac{\sqrt{\pi}}{2}e^{\frac{\pi}{4}i} \;\; [17] \qquad \Rightarrow \qquad \boxed{z_0 = \frac{\sqrt{\pi}}{2}e^{\frac{\pi}{4}i}}$$

Parte 3: Resíduo de $F(z)$

$$F(z) = \frac{p(z)}{g(z)}, \; \operatorname{Res}(F, z_o) = \frac{p(z_0)}{g'(z_0)} \text{ , assim,}$$

$$g'(z) = -2\sqrt{\pi i}\, e^{-2\sqrt{\pi i}z} \Rightarrow g'(z_0) = -2\sqrt{\pi i}\, e^{-2\sqrt{\pi i}\frac{\sqrt{\pi i}}{2}} = -2\sqrt{\pi i}\, \underbrace{e^{-\pi i}}_{-1} = 2\sqrt{\pi i}$$

---

[17] $\sqrt{i} = i^{\frac{1}{2}} = \left(e^{\frac{\pi}{2}i}\right)^{\frac{1}{2}} = e^{\frac{\pi}{4}i}$

$$\operatorname{Res}(F, z_o) = \frac{p(z_0)}{g'(z_0)} = \frac{e^{-\left(\frac{\sqrt{\pi i}}{2}\right)^2}}{2\sqrt{\pi i}} = \frac{e^{-\frac{\pi}{4}i}\sqrt{\pi i}}{2\pi i} = \frac{e^{-\frac{\pi}{4}i}e^{\frac{\pi}{4}i}\sqrt{\pi}}{2\pi i} = \frac{\sqrt{\pi}}{2\pi i}$$

$$\boxed{\operatorname{Res}(F, z_o) = \frac{\sqrt{\pi}}{2\pi i}}$$

<u>Parte 4</u>: Cálculo das Integrais de Contorno Não-Horizontais

Como sabemos, a altura de nosso paralelogramo, é igual a $\operatorname{Im}(c) = \operatorname{Im}\left(\sqrt{\pi i}\right)$, na verdade, no limite, quando o raio R tender ao infinito, não fará diferença a inclinação das laterais da curva de contorno, no limite, podemos considerar a mesma como um **retângulo**, sendo assim,

$$\operatorname{Im}\left(\sqrt{\pi i}\right) = \operatorname{Im}\left(\sqrt{\pi}\,e^{\frac{\pi}{4}i}\right) = \operatorname{Im}\left(\sqrt{\pi}\left(\frac{1}{\sqrt{2}} + \frac{1}{\sqrt{2}}i\right)\right) = \sqrt{\frac{\pi}{2}}$$

$$\left|\int_{\gamma_2} F(z)\,dz\right| = \left|\int_{\gamma_2} \frac{e^{-z^2}}{1+e^{-2\sqrt{\pi i}\,z}}\,dz\right| = \left|\int_0^{\sqrt{\frac{\pi}{2}}} \frac{e^{-(R+yi)^2}}{1+e^{-2\sqrt{\pi i}(R+yi)}}\,i\,dy\right| \le \int_0^{\sqrt{\frac{\pi}{2}}} \frac{\left|e^{-R^2-2Ryi+y^2}\right|}{1+e^{-2\sqrt{\pi i}(R+yi)}}\,dy$$

$$\left|\int_{\gamma_2} F(z)\,dz\right| \le \int_0^{\sqrt{\frac{\pi}{2}}} \frac{\left|e^{-R^2-2Ryi+y^2}\right|}{1+e^{-2\sqrt{\pi i}(R+yi)}}\,dy = \int_0^{\sqrt{\frac{\pi}{2}}} \frac{\left|e^{-R^2+y^2}\right|\left|e^{-2Ryi}\right|}{1+e^{-2\sqrt{\pi i}(R+yi)}}\,dy \le \int_0^{\sqrt{\frac{\pi}{2}}} \frac{\left|e^{-R^2+y^2}\right|}{\left|1-\left|e^{-2\sqrt{\pi i}\,R}\right|\left|e^{-2\sqrt{\pi i}\,yi}\right|\right|}\,dy^{\,[18]}$$

Onde, $\operatorname{Re}\left(\sqrt{\pi i}\right) = \sqrt{\frac{\pi}{2}}$

$$\left|e^{-2\sqrt{\pi i}\,R}\right| = e^{-2\sqrt{\frac{\pi}{2}}R} \quad \text{e}$$

$$\left|e^{-2\sqrt{\pi i}\,yi}\right| = \left|e^{-2\left(\sqrt{\frac{\pi}{2}}+\sqrt{\frac{\pi}{2}}i\right)iy}\right| = e^{2\sqrt{\frac{\pi}{2}}y} \quad \text{, substituindo,}$$

$$\left|\int_{\gamma_2} F(z)\,dz\right| \le \int_0^{\sqrt{\frac{\pi}{2}}} \frac{e^{-R^2+y^2}}{\left|1-e^{-2\sqrt{\frac{\pi}{2}}R}e^{2\sqrt{\frac{\pi}{2}}y}\right|}\,dy \text{ , quando } R \to \infty \text{, } \int_0^{\sqrt{\frac{\pi}{2}}} \frac{e^{-R^2+y^2}}{\left|1-e^{-2\sqrt{\frac{\pi}{2}}R}e^{2\sqrt{\frac{\pi}{2}}y}\right|}\,dy \to 0 \text{ , por tanto,}$$

$$\boxed{\lim_{R \to \infty} \int_{\gamma_2} F(z)\,dz = 0} \quad \text{, de modo análogo,}$$

$$\left|\int_{\gamma_4} F(z)\,dz\right| = \left|\int_{\gamma_4} \frac{e^{-z^2}}{1+e^{-2\sqrt{\pi i}\,z}}\,dz\right| = \left|\int_{\sqrt{\frac{\pi}{2}}}^0 \frac{e^{-(-R+yi)^2}}{1+e^{-2\sqrt{\pi i}(-R+yi)}}\,i\,dy\right| = \left|-\int_0^{\sqrt{\frac{\pi}{2}}} \frac{e^{-(-R+yi)^2}}{1+e^{-2\sqrt{\pi i}(-R+yi)}}\,i\,dy\right| \le \int_0^{\sqrt{\frac{\pi}{2}}} \frac{\left|e^{-R^2+2Ryi+y^2}\right|}{\left|1+e^{2R\sqrt{\pi i}}e^{-2\sqrt{\pi i}\,yi}\right|}\,dy$$

---

[18] $|a-b| \ge \big\|a|-|b\big\| \Rightarrow \dfrac{1}{|a-b|} \le \dfrac{1}{\big\||a|-|b|\big\|}$

$$\left|\int_{\gamma_4}F(z)\,dz\right|\le\int_0^{\sqrt{\frac{\pi}{2}}}\frac{\left|e^{-R^2+2Ryi+y^2}\right|}{\left|1+e^{2R\sqrt{\pi i}}\,e^{-2\sqrt{\pi i}\,yi}\right|}\,dy\le\int_0^{\sqrt{\frac{\pi}{2}}}\frac{\left|e^{-R^2+y^2}\right|}{\left|1-\left|e^{-2\sqrt{\pi i}\,R}\right|\left|e^{-2\sqrt{\pi i}\,yi}\right|\right|}\,dy=\int_0^{\sqrt{\frac{\pi}{2}}}\frac{e^{-R^2+y^2}}{\left|1-e^{-2\sqrt{\frac{\pi}{2}}\,R}\,e^{2\sqrt{\frac{\pi}{2}}\,y}\right|}\,dy$$

$$\left|\int_{\gamma_2}F(z)\,dz\right|\le\int_0^{\sqrt{\frac{\pi}{2}}}\frac{e^{-R^2+y^2}}{\left|1-e^{-2\sqrt{\frac{\pi}{2}}\,R}\,e^{2\sqrt{\frac{\pi}{2}}\,y}\right|}\,dy\text{ , quando }R\to\infty\text{ , }\int_0^{\sqrt{\frac{\pi}{2}}}\frac{e^{-R^2+y^2}}{\left|1-e^{-2\sqrt{\frac{\pi}{2}}\,R}\,e^{2\sqrt{\frac{\pi}{2}}\,y}\right|}\,dy\to 0\text{ , por tanto,}$$

$$\boxed{\lim_{R\to\infty}\int_{\gamma_4}F(z)\,dz=0}$$

<u>Parte 5</u>: Teorema dos Resíduos

$$\int_{\gamma_1}F(z)\,dz+\int_{\gamma_2}F(z)\,dz+\int_{\gamma_3}F(z)\,dz+\int_{\gamma_4}F(z)\,dz=2\pi i\sum\mathrm{Res}(F)$$

No limite, quando $R\to\infty$, temos,

$$\int_{\gamma_1}F(z)\,dz+\int_{\gamma_3}F(z)\,dz=2\pi i\sum\mathrm{Res}(F)$$

$$\int_{-\infty}^{\infty}e^{-z^2}\,dz=2\pi i\left(\frac{\sqrt{\pi}}{2\pi i}\right)$$

$$\boxed{\int_{-\infty}^{\infty}e^{-z^2}\,dz=\sqrt{\pi}}$$

l) Calcule a integral $\int_{-\infty}^{\infty} \operatorname{sech} \alpha x \, dx$, $\alpha \in \mathbb{R}^+$.

Solução:

Seja a função $F(z) = \operatorname{sech} \alpha z = \dfrac{2}{e^{\alpha z} + e^{-\alpha z}} = \dfrac{1}{\cosh \alpha z}$.

Cálculo dos polos de $F(z)$:

$$\cosh \alpha z = 0 \Leftrightarrow \frac{e^{\alpha z} + e^{-\alpha z}}{2} = \frac{e^{\left(\frac{\alpha z}{i}\right)i} + e^{-\left(\frac{\alpha z}{i}\right)i}}{2} = \cos\left(\frac{\alpha z}{i}\right) = 0 \Leftrightarrow \frac{\alpha z}{i} = (2k+1)\frac{\pi}{2}, k \in \mathbb{Z},$$

$z = (2k+1)\dfrac{\pi}{2\alpha}i$, $k \in \mathbb{Z}$, são então, polos de z, os pontos do eixo y: $\ldots, -\dfrac{3\pi}{2\alpha}i, -\dfrac{\pi}{2\alpha}i, \dfrac{\pi}{2\alpha}i, \dfrac{3\pi}{2\alpha}i \ldots$.

Para nossas finalidades, seja o polo quando $k = 0$, $z_o = \dfrac{\pi}{2\alpha}i$.

Cálculo do Resíduo no polo $z_o = \dfrac{\pi}{2\alpha}i$:

$$F(z) = \frac{p(z)}{q(z)}, \quad \operatorname{Res}(F, z_o) = \frac{p(z_0)}{q'(z_0)}, \text{ assim,}$$

$$q'(z) = \cosh \alpha z \Rightarrow q'(z_0) = \alpha \operatorname{senh} \alpha\left(\frac{\pi}{2\alpha}i\right) = \alpha \operatorname{senh}\left(\frac{\pi}{2}i\right)$$

$$\operatorname{Res}(F, z_o) = \frac{p(z_0)}{q'(z_0)} = \frac{1}{\alpha \operatorname{senh}\left(\frac{\pi}{2}i\right)} = \frac{2}{\alpha\left(e^{\frac{\pi}{2}i} - e^{-\frac{\pi}{2}i}\right)} = \frac{2}{\alpha[i - (-i)]} = \frac{-i}{\alpha}$$

Seja agora a curva γ representada pelo retângulo de base no intervalo $[-R, R]$ do eixo x e altura $\dfrac{\pi}{\alpha}i$,

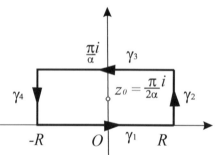

$\gamma_1 : [-R, R]$, $z(x) = x$, $-R \leq x \leq R$, $dz = dx$

$\gamma_3 : z(x) = x + \dfrac{\pi}{\alpha}i$, $R \leq x \leq -R$, $dz = dx$

Cálculo das Integrais das nas partes verticais da curva: γ_2 e γ_4:

$\gamma_2 : z(x) = R + yi$, $0 \leq y \leq \dfrac{\pi}{\alpha}$, $dz = i\,dy$

$$\int_{\gamma_2} F(z) dz = \int_{\gamma_2} \frac{2}{e^{\alpha z} + e^{-\alpha z}} dz = \int_0^{\frac{\pi}{\alpha}} \frac{2}{e^{\alpha(R+yi)} + e^{-\alpha(R+yi)}} i\,dy$$

$$\left|\int_{\gamma_2} F(z) dz\right| = \int_0^{\frac{\pi}{\alpha}} \left|\frac{2}{e^{\alpha(R+yi)} + e^{-\alpha(R+yi)}} i\right| dy \leq \int_0^{\frac{\pi}{\alpha}} \frac{2}{\left||e^{\alpha(R+yi)}| - |e^{-\alpha(R+yi)}|\right|} dy \leq \int_0^{\frac{\pi}{\alpha}} \frac{2}{\left|e^{\alpha R} - e^{-\alpha R}\right|} dy$$

$$\left| \int_{\gamma_2} F(z)\, dz \right| \leq \int_0^{\frac{\pi}{\alpha}} \left| \frac{2}{e^{\alpha R} - e^{-\alpha R}} \right| dy = \frac{1}{\operatorname{senh}(\alpha R)} \int_0^{\frac{\pi}{\alpha}} dy = \frac{\frac{\pi}{a}}{\operatorname{senh}(\alpha R)} = M_R, \text{ quando } R \to \infty, \ M_R \to 0, \text{ por tanto,}$$

$$\lim_{R \to \infty} \int_{\gamma_2} F(z)\, dz = 0, \text{ analogamente } \lim_{R \to \infty} \int_{\gamma_4} F(z)\, dz = 0,$$

Do Teorema dos Resíduos temos que:

$$\int_\gamma \frac{2}{e^{\alpha z} + e^{-\alpha z}}\, dz = \int_{\gamma_1} \frac{2}{e^{\alpha z} + e^{-\alpha z}}\, dz + \int_{\gamma_2} \frac{2}{e^{\alpha z} + e^{-\alpha z}}\, dz + \int_{\gamma_3} \frac{2}{e^{\alpha z} + e^{-\alpha z}}\, dz + \int_{\gamma_4} \frac{2}{e^{\alpha z} + e^{-\alpha z}}\, dz = 2\pi i \operatorname{Res}\left(F, \frac{\pi}{2\alpha} i \right)$$

$$\int_{-R}^{R} \frac{2}{e^{\alpha x} + e^{-\alpha x}}\, dx + \int_{\gamma_2} \frac{2}{e^{\alpha z} + e^{-\alpha z}}\, dz + \int_{R}^{-R} \frac{2}{e^{\alpha\left(x+\frac{\pi}{\alpha}i\right)} + e^{-\alpha\left(x+\frac{\pi}{\alpha}i\right)}}\, dx + \int_{\gamma_4} \frac{2}{e^{\alpha z} + e^{-\alpha z}}\, dz = 2\pi i \left(\frac{-i}{\alpha} \right)$$

$$\int_{-R}^{R} \frac{2}{e^{\alpha x} + e^{-\alpha x}}\, dx + \int_{\gamma_2} \frac{2}{e^{\alpha z} + e^{-\alpha z}}\, dz - \int_{-R}^{R} \frac{2}{e^{\alpha x}\underbrace{e^{\pi i}}_{-1} + e^{-\alpha x}\underbrace{e^{-\pi i}}_{-1}}\, dx + \int_{\gamma_4} \frac{2}{e^{\alpha z} + e^{-\alpha z}}\, dz = \frac{2\pi}{\alpha}, \text{ no limite, quando } R \to \infty,$$

$$\int_{-\infty}^{\infty} \frac{2}{e^{\alpha x} + e^{-\alpha x}}\, dx = \frac{\pi}{\alpha}$$

$$\int_{-\infty}^{\infty} \operatorname{sech} \alpha x\, dx = \frac{\pi}{\alpha}$$

iv) **Integrais de Fourrier:** $\int_{-\infty}^{\infty} F(x)\operatorname{sen}(\alpha x)dx$ **ou** $\int_{-\infty}^{\infty} F(x)\cos(\alpha x)dx$, **(não dentadas)**:

As integrais acima são chamadas de integrais de Fourrier por que estão intimamente ligadas ao cálculo dos termos das séries de Fourrier. Como já justificamos no tópico anterior. No caso de integrais impróprias, não é conveniente que as funções seno e cosseno apareçam no denominador. Para calcularmos essas integrais, basta que utilizemos a forma trigonométrica do número complexo, observe,

$$\int_{-\infty}^{\infty} F(x)e^{\alpha xi}dx = \int_{-\infty}^{\infty} F(x)\cos(\alpha x)dx + i\int_{-\infty}^{\infty} F(x)\operatorname{sen}(\alpha x)dx$$

ou seja,

$$\int_{-\infty}^{\infty} F(x)\cos(\alpha x)dx = \operatorname{Re}\left(\int_{-\infty}^{\infty} F(x)e^{\alpha xi}dx\right) \text{ e } \int_{-\infty}^{\infty} F(x)\operatorname{sen}(\alpha x)dx = \operatorname{Im}\left(\int_{-\infty}^{\infty} F(x)e^{\alpha xi}dx\right)$$

Onde $F(x)$ é uma função racional irredutível que pode ser escrita como $F(x) = \dfrac{p(x)}{q(x)}$, onde $q(x)$ não possui raízes reais e a diferença entre o grau do denominador e do numerador deve ser **maior que 1**.

As integrais serão resolvidas de maneira muito semelhante à utilizada na solução de integrais impróprias de funções racionais. Utilizaremos novamente a semicircunferência como curva de contorno e em determinadas circunstâncias, assim como anteriormente, teremos que, no limite, a integral de contorno sobre a semicircunferência quando R tender ao infinito, será igual a zero. Para isso, antes de mais nada, devemos provar a **Desigualdade de Jordan**:

$$\boxed{\textbf{Desigualdade de Jordan: } \int_0^{\pi} e^{-R\operatorname{sen}\theta}d\theta < \frac{\pi}{R}}$$

Demonstração:

Sejam as funções $g(\theta) = \operatorname{sen}\theta$ e $h(\theta) = \dfrac{2\theta}{\pi}$, do gráfico abaixo, constatamos que quando $0 \le \theta \le \dfrac{\pi}{2}$, temos $\operatorname{sen}\theta \ge \dfrac{2\theta}{\pi}$,

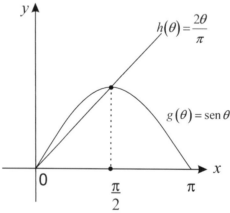

Assim, para $R > 0$, $R\operatorname{sen}\theta \ge \dfrac{2\theta R}{\pi} \Rightarrow e^{R\operatorname{sen}\theta} \ge e^{\frac{2\theta R}{\pi}} \Rightarrow e^{-R\operatorname{sen}\theta} \le e^{-\frac{2\theta R}{\pi}}$, com $0 \le \theta \le \dfrac{\pi}{2}$, por tanto,

$$\int_0^{\frac{\pi}{2}} e^{-R\operatorname{sen}\theta}d\theta \le \int_0^{\frac{\pi}{2}} e^{-\frac{2\theta R}{\pi}}d\theta \Rightarrow \int_0^{\frac{\pi}{2}} e^{-R\operatorname{sen}\theta}d\theta \le \frac{\pi}{2R}\left(1-e^{-R}\right) < \frac{\pi}{2R},$$

Da simetria da senoide em torno da reta $x = \dfrac{\pi}{2}$, podemos escrever,

$$\int_0^{\frac{\pi}{2}} e^{-R\operatorname{sen}\theta}\, d\theta = \int_{\frac{\pi}{2}}^{\pi} e^{-R\operatorname{sen}\theta}\, d\theta$$, desse modo, temos,

$$\int_0^{\pi} e^{-R\operatorname{sen}\theta}\, d\theta = \int_0^{\frac{\pi}{2}} e^{-R\operatorname{sen}\theta}\, d\theta + \int_{\frac{\pi}{2}}^{\pi} e^{-R\operatorname{sen}\theta}\, d\theta < \frac{\pi}{2R} + \frac{\pi}{2R}$$, finalmente,

$$g(\theta) = \operatorname{sen}\theta$$

$\square$

Agora estamos aptos a enunciar e demonstrar o teorema abaixo:

> **Lema de Jordan**: "Seja C_R um semicírculo de centro na origem e raio R, que contém pontos do semiplano positivo dos y, seja ainda, $F(z)$ uma função analítica definida no mesmo semiplano, exceto em um grupo finito de pontos, limitada por uma constante M_R, tal que $|F(z)| \le M_R$ onde $\lim_{R \to \infty} M_R = 0$, para qualquer ponto z de C_R então podemos afirmar que o $\lim_{R \to \infty} \int_{C_R} F(z) e^{\alpha z i}\, dz = 0$."

Demonstração:

Seja $z(\theta) = Re^{i\theta}$, $0 \le \theta \le \pi$, $dz = iRe^{i\theta}$, uma parametrização para C_R, a semicircunferência com centro na origem e raio R, ficamos com,

$$\int_{C_R} F(z) e^{\alpha z i}\, dz = \int_0^{\pi} F\left(Re^{i\theta}\right) e^{\alpha i R(\cos\theta + i\operatorname{sen}\theta)} iRe^{i\theta}\, d\theta = iR\int_0^{\pi} F\left(Re^{i\theta}\right) e^{\alpha i R(\cos\theta + i\operatorname{sen}\theta) + i\theta}\, d\theta$$

$$\left|\int_{C_R} F(z) e^{\alpha i z}\, dz\right| \le R\int_0^{\pi} \left|F\left(Re^{i\theta}\right)\right|\left|e^{\alpha i R(\cos\theta + i\operatorname{sen}\theta) + i\theta}\right|\, d\theta = R\int_0^{\pi} \left|F\left(Re^{i\theta}\right)\right|\left|e^{-\alpha R\operatorname{sen}\theta} e^{(\theta + \alpha R\cos\theta)i}\right|\, d\theta$$

$$\left|\int_{C_R} F(z) e^{\alpha i z}\, dz\right| \le R\int_0^{\pi} \left|F\left(Re^{i\theta}\right)\right|\left|e^{-\alpha R\operatorname{sen}\theta}\right|\left|\cancel{e^{(\theta + \alpha R\cos\theta)i}}\right|\, d\theta = R\int_0^{\pi} \underbrace{\left|F\left(Re^{i\theta}\right)\right|}_{\le M_R}\left|e^{-\alpha R\operatorname{sen}\theta}\right|\, d\theta \le RM_R\int_0^{\pi}\left|e^{-\alpha R\operatorname{sen}\theta}\right|\, d\theta$$

$$\left|\int_{C_R} F(z) e^{\alpha i z}\, dz\right| \le RM_R\int_0^{\pi}\left|e^{-\alpha R\operatorname{sen}\theta}\right|\, d\theta \le RM_R\int_0^{\pi} e^{-\alpha R\operatorname{sen}\theta}\, d\theta$$

Aplicando a desigualdade de Jordan,

$$\left|\int_{C_R} F(z) e^{\alpha i z}\, dz\right| \le RM_R\int_0^{\pi} e^{-(\alpha R)\operatorname{sen}\theta}\, d\theta < RM_R\frac{\pi}{(\alpha R)}$$

$$\left|\int_{C_R} F(z) e^{\alpha i z}\, dz\right| < M_R\frac{\pi}{\alpha}$$

De onde, da hipótese, quando $\lim_{R \to \infty} M_R = 0$, logo,

$$\lim_{R \to \infty} \int_{C_R} F(z) e^{\alpha z i}\, dz = 0$$

$\square$

Corolário 1: "Se F for uma função racional irredutível que pode ser escrita como $F(z) = \dfrac{p(z)}{q(z)}$, onde $q(z)$ não possui raízes reais e $\delta(q(z)) - \delta(p(z)) \geq 1$, então podemos igualmente afirmar que $\displaystyle\lim_{R \to \infty} \int_{C_R} F(z) e^{\alpha z i} dz = 0$."

A demonstração fica a cargo do leitor, no entanto vamos apresentar uma breve justificativa na resolução da integral abaixo:

m) Calcule a integral $\displaystyle\int_{-\infty}^{\infty} \frac{x \operatorname{sen} x}{x^2 + a^2} dx$, $a \in \mathbb{R}_+^*$.

Solução:

Como uma breve justificativa do corolário acima, vamos mostrar que a diferença de **um grau** entre o denominador e o numerador será suficiente para estarmos nas condições do **Lema de Jordan**.

Seja $F(z) = \dfrac{z}{z^2 + a^2}$, para a real, diferente de zero, temos,

$$\left| \frac{z}{z^2 + a^2} \right| = \frac{|z|}{\left|z\right|^2 + a^2} = \frac{R}{R^2 + a^2} \leq \frac{R}{R^2 - a^2} = M_R \quad \text{e} \quad \lim_{R \to \infty} \frac{R}{R^2 - a^2} = \lim_{R \to \infty} M_R = 0, \quad \text{por tanto, estamos nas}$$

condições do **Lema de Jordan**, dando prosseguimento a solução,

Polos,
$$z^2 + a^2 = 0 \Rightarrow z_0 = ai, \, z_1 = -ai$$

Resíduos:
$$F(z) = \frac{p(z)}{q(z)}, \quad \operatorname{Res}\left(F(z) e^{zi}, z_o\right) = \frac{p(z_0)}{q'(z_0)} e^{z_0 i}, \text{ assim,}$$

$$q'(z) = 2z \Rightarrow q'(z_0) = 2ai$$

$$\operatorname{Res}\left(F(z), z_o\right) = \frac{p(z_0)}{q'(z_0)} = \frac{ai \, e^{-a}}{2ai} = \frac{e^{-a}}{2},$$

Do Teorema dos Resíduos e do Lema de Jordan, segue,

$$\int_{\gamma} \frac{z}{z^2 + a^2} e^{zi} dz = \int_{-R}^{R} \frac{z}{z^2 + a^2} e^{zi} dz + \int_{C_R} \frac{z}{z^2 + a^2} e^{zi} dz = 2\pi i \operatorname{Res}\left(F(z) e^{zi}, ai\right)$$

Quando $R \to \infty$, ficamos com,

$$\int_{-\infty}^{\infty} \frac{z}{z^2 + a^2} e^{zi} dz + \cancel{\int_{C} \frac{z}{z^2 + a^2} e^{zi} dz} = 2\pi i \operatorname{Res}\left(F(z) e^{zi}, ai\right)^{..}$$

$$\int_{-\infty}^{\infty} \frac{z}{z^2 + a^2} e^{zi} dz = 2\pi i \frac{e^{-a}}{2} = \frac{\pi}{e^a} i$$

$$\int_{-\infty}^{\infty} \frac{z}{z^2 + a^2} e^{zi} dz = \int_{-\infty}^{\infty} \frac{x \cos x}{x^2 + a^2} dx + i \int_{-\infty}^{\infty} \frac{x \operatorname{sen} x}{x^2 + a^2} dx = \frac{\pi}{e^a} i$$

$$\int_{-\infty}^{\infty} \frac{x\cos x}{x^2+a^2}dx = 0$$

$$\int_{-\infty}^{\infty} \frac{x\operatorname{sen} x}{x^2+a^2}dx = \frac{\pi}{e^a}$$

Observação: Nossa resolução foi baseada no caso de a real e maior que zero, por tanto, não poderíamos justificar calcularmos a integral para $a = 0$, no entanto, podemos calcular o valor da integral para a tendendo a zero pela direita, nesse caso, teríamos a integral de Dirichlet:

$$\lim_{a\to 0^+}\int_{-\infty}^{\infty} \frac{x\operatorname{sen} x}{x^2+a^2}dx = \int_{-\infty}^{\infty}\frac{\operatorname{sen} x}{x}dx = \lim_{a\to 0^+}\frac{\pi}{e^a} = \pi \text{ , ou seja, } \int_{0}^{\infty}\frac{\operatorname{sen} x}{x}dx = \frac{\pi}{2}$$

Corolário 2: "Seja C_R um setor de circunferência de ângulo θ (contido em uma semicircunferência de mesmo centro e raio, entre θ_1 e θ_2, $\theta_2 - \theta_1 = \theta$), de centro na origem e raio R, que contém pontos do semiplano positivo dos y, seja ainda, $F(z)$ uma função analítica definida no mesmo semiplano, exceto em um grupo finito de pontos, limitada por uma constante M_R, tal que $|F(z)| \leq M_R$ onde $\lim_{R\to\infty} M_R = 0$, para qualquer ponto z de C_R então podemos afirmar que o $\lim_{R\to\infty}\int_{C_R} F(z)e^{\alpha z i}dz = 0$."

A demonstração segue análoga à do **Lema de Jordan**, desde que $0 \leq \theta_1 \leq \theta \leq \theta_2 \leq \pi$.

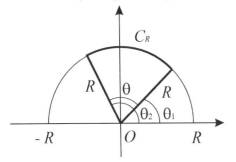

$$\boxed{\lim_{R\to\infty}\int_{C_R} F(z)e^{\alpha z i}dz = 0}$$

n) Calcule as integrais de Fresnel,

$$\boxed{C = \int_0^\infty \cos(\alpha x^2)dx \text{ e } S = \int_0^\infty \operatorname{sen}(\alpha x^2)dx}$$

sabendo que $\int_0^\infty e^{-\alpha x^2}dx = \sqrt{\frac{\pi}{4\alpha}}$.

Solução:

O cálculo de nossa integral se resume a calcularmos a integral, $\int_0^\infty e^{i\alpha x^2}dx$ que pode ser resolvida com o auxílio do teorema dos resíduos sobre a integral $\int_\gamma e^{\alpha i z^2}dz$.

Para a curva de contorno, vamos escolher um setor de raio R e ângulo $\frac{\pi}{4}$, cuja escolha será prontamente justificada durante a resolução. No entanto, antes de continuarmos, vamos comprovar que a função obedece às hipóteses do **Lema de Jordan**.

69

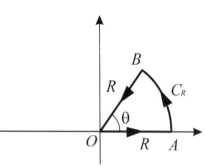

Para a curva de contorno, seja o setor com centro na origem, e $\theta = \frac{\pi}{4}$, assim,

Parametrizando a curva γ:

$OA: z(x) = x,\ 0 \le x \le R,\ dz = dx$

$BO: z(x) = x e^{\frac{\pi}{4}i},\ R \le x \le 0,\ dz = e^{\frac{\pi}{4}i} dx$,

Quanto ao arco C_R, o **corolário 2** nos garantirá que $\lim\limits_{R \to \infty} \int\limits_{C_R} e^{\alpha i z^2} dz = 0$, assim, que comprovarmos que a função satisfaz às hipóteses,

$$\int\limits_{C_R} e^{\alpha i z^2} dz = \int_0^{\frac{\pi}{4}} e^{\alpha i R^2 (\cos 2\theta + i \sin 2\theta)} iRe^{i\theta} d\theta = iR \int_0^{\frac{\pi}{4}} e^{-\alpha R^2 \sin 2\theta} e^{\alpha i R^2 \cos 2\theta} e^{i\theta} d\theta = i \int_0^{\frac{\pi}{4}} R e^{-\alpha R^2 \sin 2\theta} e^{(\theta + \alpha R^2 \cos 2\theta)i} d\theta$$

$$\left| \int\limits_{C_R} e^{\alpha i z^2} dz \right| \le \int_0^{\frac{\pi}{4}} \left| Re^{-\alpha R^2 \sin 2\theta} \right| \underbrace{\left| ie^{(\alpha R^2 \cos 2\theta + \theta)i} \right|}_{1} d\theta$$

$$\left| \int\limits_{C_R} e^{\alpha i z^2} dz \right| \le R \int_0^{\frac{\pi}{4}} \left| e^{-\alpha R^2 \sin 2\theta} \right| d\theta,$$

Aplicando a **desigualdade de Jordan** nas condições $\sin 2\theta \ge \frac{4\theta}{\pi},\ 0 \le \theta \le \frac{\pi}{4}$,

$$\left| \int\limits_{C_R} e^{\alpha i z^2} dz \right| \le R \int_0^{\frac{\pi}{4}} \left| e^{-\alpha R^2 \sin 2\theta} \right| d\theta \le R \int_0^{\frac{\pi}{4}} e^{-\alpha R^2 \sin 2\theta} d\theta = \frac{\pi}{4\alpha R}\left(1 - e^{-\alpha R^2}\right),$$

$$\left| \int\limits_{C_R} e^{\alpha i z^2} dz \right| \le R \int_0^{\frac{\pi}{4}} \left| e^{-\alpha R^2 \sin 2\theta} \right| d\theta \le \frac{\pi}{4\alpha R}\left(1 - e^{-\alpha R^2}\right) < \frac{\pi}{4\alpha R}$$

$$\left| \int\limits_{C_R} e^{\alpha i z^2} dz \right| < \frac{\pi}{4\alpha R}, \text{ assim, quando } \boxed{R \to \infty,\ \int\limits_{C_R} e^{\alpha i z^2} dz = 0}$$

do Teorema dos Resíduos segue:

$$\int\limits_\gamma e^{\alpha i z^2} dz = \int\limits_{OA} e^{\alpha i z^2} dz + \int\limits_{C_R} e^{\alpha i z^2} dz + \int\limits_{BO} e^{\alpha i z^2} dz = 2\pi i \operatorname{Res}\left(e^{\alpha i z^2}, 0\right)$$

$$\int\limits_{OA} e^{\alpha i z^2} dz + \int\limits_{C_R} e^{\alpha i z^2} dz + \int\limits_{BO} e^{\alpha i z^2} dz = 0$$

$$\int_0^R e^{\alpha i x^2} dx + \int\limits_{C_R} e^{\alpha i z^2} dz + \int_R^0 e^{\alpha i \left(x e^{\frac{\pi}{4}i}\right)^2} e^{\frac{\pi}{4}i} dx = 0$$

$$\int_0^R e^{\alpha i x^2} dx + \int_{C_R} e^{\alpha i z^2} dz + \int_R^0 e^{\alpha i x^2 \frac{\pi}{e^2} i} e^{\frac{\pi}{4} i} dx = 0$$

$$\int_0^R e^{\alpha i x^2} dx + \int_{C_R} e^{\alpha i z^2} dz + e^{\frac{\pi}{4} i} \int_R^0 e^{-\alpha x^2} dx = 0 \text{, no limite, quando } R \to 0 \text{,}$$

$$\int_0^R e^{\alpha i x^2} dx + \cancel{\int_{C_R} e^{\alpha i z^2} dz} - e^{\frac{\pi}{4} i} \int_R^0 e^{-\alpha x^2} dx = 0$$

$$\int_0^\infty e^{\alpha i x^2} dx = e^{\frac{\pi}{4} i} \int_0^\infty e^{-\alpha x^2} dx \text{, do enunciado, } \int_0^\infty e^{-\alpha x^2} dx = \sqrt{\frac{\pi}{4\alpha}} \text{ ,}$$

$$\int_0^\infty e^{\alpha i x^2} dx = e^{\frac{\pi}{4} i} \sqrt{\frac{\pi}{4\alpha}} = \sqrt{\frac{\pi}{4\alpha}} \left(\frac{\sqrt{2}}{2} + i \frac{\sqrt{2}}{2} \right)$$

$$C = \int_0^\infty \cos\left(\alpha x^2\right) dx = \frac{1}{2} \sqrt{\frac{\pi}{2\alpha}} \quad \text{e} \quad S = \int_0^\infty \text{sen}\left(\alpha x^2\right) dx = \frac{1}{2} \sqrt{\frac{\pi}{2\alpha}}$$

v) Funções com Singularidades no eixo *x* (dentada ou indentada): de $-\infty$ à $+\infty$

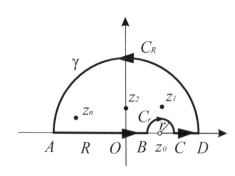

Queremos calcular $\int_{-\infty}^{\infty} F(x)dx$, para tanto, seja C_R um semicírculo de centro na origem e raio R, que contém pontos do semiplano positivo dos y, seja ainda, $F(z)$ uma função analítica definida no mesmo semiplano, exceto em um grupo finito de pontos, o que inclui uma singularidade no eixo x, em $z = z_0$. A função $F(z)$ é limitada por uma constante M_R, tal que $|F(z)| \leq M_R$ onde $\lim_{R \to \infty} M_R = 0$, para qualquer ponto z de C_R. Pelo fato de a função possuir um polo na origem, devemos realizar um contorno em torno deste (veja a figura ao lado). Sendo assim, da Teoria dos Resíduos, temos que:

$$\int_\gamma F(z)dz = \int_{AB} F(z)dz + \int_{C_r} F(z)dz + \int_{CD} F(z)dz + \int_{C_R} F(z)dz = 2\pi i \sum_{k=1}^{n} \text{Res}(F, z_k)$$

Onde:

$AO: z(x) = x, \ -R \leq x \leq z_0 - r, \ dz = dx$

$CD: z(x) = x, \ z_0 + r \leq x \leq R, \ dz = dx$

$F(z) = \dfrac{b_1}{z - z_0} + A(z)$, $A(z)$ é a parte analítica da Série de Laurent da função $F(z)$,

$\int_{C_r} F(z)dz = \int_{C_r} \dfrac{b_1}{z - z_0} dz + \int_{C_r} A(z)dz$, onde $0 < |r - z_0| < \delta$

Por $A(z)$ ser analítica em z_0, ela será contínua nesse ponto e também limitada em uma vizinhança do ponto, ou seja, existe um $M > 0$ tal que $|A(z)| \leq M$, que pela **desigualdade ML**, implica,

$\left| \int_{C_r} A(z)dz \right| \leq ML = M\pi r$, assim, no limite quando $r \to 0$, temos,

$\lim_{r \to 0} \left| \int_{C_r} A(z)dz \right| \leq \lim_{r \to 0} M\pi r = 0 \Rightarrow \lim_{r \to 0} \int_{C_r} A(z)dz = 0$

Por sua vez, no limite, quando $R \to \infty$, teremos, como já vimos, $\int_{C_R} F(z)dz = 0$. Assim, quando $R \to \infty$ e $r \to 0$, nossa equação do Teorema dos Resíduos ficará:

$$\underbrace{\int_{AB} F(z)dz + \int_{CD} F(z)dz}_{\int_{-\infty}^{\infty} F(x)dx} + \underbrace{\int_{C_r} F(z)dz}_{b_1 \int_{C_r} \frac{1}{z-z_0}dz + \int_{C_r} A(z)dz} + \cancel{\int_{C_R} F(z)dz} = 2\pi i \sum_{k=1}^{n} \text{Res}(F, z_k)$$

$$\int_{-\infty}^{\infty} F(x)\,dx + \int_{C_r} \frac{b_1}{z-z_0}\,dz = 2\pi i \sum_{k=1}^{n} \mathrm{Res}\big(F, z_k\big),$$

Onde a representação paramétrica de sentido positivo $(-C_r)$ de nosso semicírculo, acima, será dada por:

$z = z_0 + r\,e^{i\theta}$, $0 \le \theta \le \pi$, $dz = r\,i\,e^{i\theta}$, substituindo,

$\displaystyle\int_{-C_r} \frac{b_1}{z-z_0}\,dz = -\int_{C_r} \frac{b_1}{z-z_0}\,dz = -b_1 \int_0^{\pi} \frac{1}{\underbrace{r\,e^{i\theta}}_{z-z_0}}\,r\,i\,e^{i\theta}\,dz = -b_1\,\pi\,i$, na equação:

$$\boxed{\int_{-\infty}^{\infty} F(x)\,dx = \pi i\,\mathrm{Res}\big(F, z_0\big) + 2\pi i \sum_{k=1}^{n} \mathrm{Res}\big(F, z_k\big)}$$

Analogamente, se a função $F(x)$ possuir mais de uma singularidade no eixo x, bastará somar o valor desses resíduos e multiplica-los por πi, ou seja,

$$\boxed{\int_{-\infty}^{\infty} F(x)\,dx = \pi i \sum_{k=1}^{m} b_k + 2\pi i \sum_{k=1}^{n} \mathrm{Res}\big(F, z_k\big)}$$

onde os b_k representam os resíduos das m singularidades no eixo x.

o) Calcule o valor da integral de Dirichlet, $\displaystyle\int_0^{\infty} \frac{\mathrm{sen}\,x}{x}\,dx$.

Solução:

Observando o numerador e o denominador do integrando, temos que ambos são funções ímpares, por tanto, seu quociente será uma função par, o que nos permite escrever:

$$\int_0^{\infty} \frac{\mathrm{sen}\,x}{x}\,dx = \frac{1}{2}\int_{-\infty}^{\infty} \frac{\mathrm{sen}\,x}{x}\,dx$$

Seja a função $F(z) = \dfrac{1}{z}$, temos que $|F(z)| = \dfrac{1}{|z|} = \dfrac{1}{R} \Rightarrow |F(z)| \le \dfrac{1}{R} = M_R$ e quando $R \to \infty$, $M_R = 0$, assim sendo, estamos nas condições do **Lema de Jordan**, por tanto, $\displaystyle\lim_{R\to\infty} \int_{C_R} F(z)e^{iz}\,dz = 0$.

A expansão da função $F(z)e^{iz}$ em série de Laurent, nos permite calcular o valor do resíduo no ponto $z = 0$,

$F(z)e^{iz} = \dfrac{1}{z}\left(1 + \dfrac{(iz)}{1!} + \dfrac{(iz)^2}{2!} + \dots\right)$, assim, $\mathrm{Re}\big(F(z)e^{iz}, 0\big) = 1$.

Vamos agora determinar para a curva de contorno, uma semicircunferência de raio R indentada na origem por uma semicircunferência de raio r, ambas no semiplano positivo dos y, assim, aplicando o teorema dos resíduos e os limites $R \to \infty$ e $r \to 0$, ficamos com:

$$\int_{-\infty}^{\infty}\frac{e^{ix}}{x}dx = \pi\, i\, \mathrm{Res}\left(F,z_0\right)+2\pi\, i\sum_{k=1}^{n}\mathrm{Res}\left(F,z_k\right)$$

$$\int_{-\infty}^{\infty}\frac{e^{ix}}{x}dx = \pi\, i\left(1\right)+2\pi\, i\left(0\right)=\pi\, i\,,\text{ podemos então escrever,}$$

$$\int_{-\infty}^{\infty}\frac{e^{ix}}{x}dx = \int_{-\infty}^{\infty}\frac{\cos x}{x}dx+i\int_{-\infty}^{\infty}\frac{\mathrm{sen}\,x}{x}dx=\pi\, i$$

$$\int_{-\infty}^{\infty}\frac{\cos x}{x}dx = 0$$

$$\int_{-\infty}^{\infty}\frac{\mathrm{sen}\,x}{x}dx = \pi \;\Rightarrow\; \int_{0}^{\infty}\frac{\mathrm{sen}\,x}{x}dx=\frac{\pi}{2}$$

p) Calcule a integral $\displaystyle\int_{-\infty}^{\infty}\frac{\mathrm{sen}\,2x}{x\left(x^2+1\right)^2}dx$.

Solução:

Seja a função $F\left(z\right)=\dfrac{1}{z\left(z^2+1\right)^2}=\dfrac{1}{z\left(z-i\right)^2\left(z+i\right)^2}$,

Vemos um polo na origem, $z=0$ e dois polos duplos, $z=i$ e $z=-i$.

Vamos calcular o valor dos resíduos,

$$\mathrm{Res}\left(F\left(z\right)e^{2iz},0\right)=\lim_{z\to 0}\left(z-0\right)F\left(z\right)e^{2iz}=1 \;,$$
$$\mathrm{Res}\left(F\left(z\right)e^{2z},i\right)=\frac{d}{dz}\left[\left(z-i\right)^2 F\left(z\right)e^{2z}\right]_{z=i}$$

$$\frac{d}{dz}\left[\left(z-i\right)^2 F\left(z\right)e^{2iz}\right]=\frac{d}{dz}\frac{e^{2iz}}{z\left(z+i\right)^2}=\frac{ie^{2iz}\left(2z^2+5iz-1\right)}{z^2\left(z+i\right)^3}\;,\text{ assim,}$$

$$\mathrm{Res}\left(F\left(z\right)e^{2z},i\right)=\frac{ie^{2iz}\left(2z^2+5i\,z-1\right)}{z^2\left(z+i\right)^3}=\frac{ie^{-2}\left(-8\right)}{8i}=-e^{-2}\,,\text{ temos que, para }R>1,$$

$$\left|F\left(z\right)\right|=\frac{1}{\left|z\right|\left|z^2+1\right|^2}\le\frac{1}{R\left(R^2+1\right)}\Rightarrow\left|F\left(z\right)\right|\le\frac{1}{R\left(R^2+1\right)}=M_R \text{ e quando } R\to\infty,\; M_R=0,\text{ assim sendo,}$$

estamos nas condições do **Lema de Jordan**, por tanto, $\displaystyle\lim_{R\to\infty}\int_{C_R}F\left(z\right)e^{iz}dz=0$.

Seja agora a curva de contorno, uma semicircunferência de raio R indentada na origem por uma semicircunferência de raio r, ambas no semiplano positivo dos y, assim, aplicando o teorema dos resíduos e os limites $R\to\infty$ e $r\to 0$, ficamos com:

$$\int_{-\infty}^{\infty}\frac{e^{2zi}}{z\left(z^2+1\right)^2}dz = \pi\, i\, \mathrm{Res}\left(F,0\right)+2\pi\, i\, \mathrm{Res}\left(F,i\right)$$

74

$$\int_{-\infty}^{\infty} \frac{e^{2zi}}{z(z^2+1)^2}\,dz = \pi\,i\,(1) + 2\pi\,i\left(-e^{-2}\right) = i\left(\pi - \frac{2\pi}{e^2}\right)$$

$$\int_{-\infty}^{\infty} \frac{e^{2zi}}{z(z^2+1)^2}\,dz = \int_{-\infty}^{\infty} \frac{\cos 2x}{x(x^2+1)^2}\,dx + i\int_{-\infty}^{\infty} \frac{\operatorname{sen} 2x}{x(x^2+1)^2}\,dx = i\left(\pi - \frac{2\pi}{e^2}\right)$$

$$\int_{-\infty}^{\infty} \frac{\operatorname{sen} 2x}{x(x^2+1)^2}\,dx = \pi - \frac{2\pi}{e^2}$$

Observação: a integral $\displaystyle\int_{-\infty}^{\infty} \frac{\cos 2x}{x(x^2+1)^2}\,dx$ não converge apesar de VP $\displaystyle\int_{-\infty}^{\infty} \frac{\cos 2x}{x(x^2+1)^2}\,dx = 0$.

q) Calcule a integral $\displaystyle\int_{0}^{\infty} \frac{\operatorname{sen} a\,x}{x(x^2+b^2)}\,dx$, para a e b reais positivos.

Solução:

Seja a função $F(z) = \dfrac{1}{z(z^2+b^2)} = \dfrac{1}{z(z-bi)(z+bi)}$,

Vemos um polo na origem, $z = 0$ e dois polos simples, $z = bi$ e $z = -bi$.

Vamos calcular o valor dos resíduos,

$$\operatorname{Res}\left(F(z)e^{aiz},0\right) = \lim_{z\to 0}(z-0)F(z)e^{aiz} = \lim_{z\to 0}\frac{e^{aiz}}{(z-bi)(z+bi)} = \frac{1}{b^2}\;,$$

$$\operatorname{Res}\left(F(z)e^{aiz},i\right) = \lim_{z\to bi}(z-bi)F(z)e^{aiz} = \lim_{z\to bi}\frac{e^{aiz}}{z(z+bi)} = \frac{e^{-ab}}{-2b^2}\;,\text{ assim,}$$

Temos que, para $R > 1$,

$$\left|F(z)\right| = \frac{1}{|z|\left|z^2+b^2\right|} \le \frac{1}{R(R^2+b^2)} \le \frac{1}{R(R^2)} \Rightarrow \left|F(z)\right| \le \frac{1}{R^3} = M_R\text{ e quando } R\to\infty,\ M_R = 0,\text{ assim sendo,}$$

estamos nas condições do **Lema de Jordan**, por tanto, $\displaystyle\lim_{R\to\infty}\int_{C_R} F(z)e^{aiz}\,dz = 0$.

Seja agora a curva de contorno, uma semicircunferência de raio R indentada na origem por uma semicircunferência de raio r, ambas no semiplano positivo dos y, assim, aplicando o teorema dos resíduos e os limites $R\to\infty$ e $r\to 0$, ficamos com:

$$\int_{-\infty}^{\infty} \frac{e^{aiz}}{z(z^2+b^2)}\,dz = \pi\,i\,\operatorname{Res}\left(F,0\right) + 2\pi\,i\,\operatorname{Res}\left(F,bi\right)$$

$$\int_{-\infty}^{\infty} \frac{e^{aiz}}{z(z^2+b^2)}\,dz = \pi\,i\left(\frac{1}{b^2}\right) + 2\pi\,i\left(\frac{e^{-ab}}{-2b^2}\right) = \frac{\pi\left(1-e^{-ab}\right)}{b^2}i$$

$$\int_{-\infty}^{\infty} \frac{e^{aiz}}{z(z^2+b^2)}\,dz = \int_{-\infty}^{\infty} \frac{\cos ax}{x(z^2+b^2)}\,dx + i\int_{-\infty}^{\infty} \frac{\operatorname{sen} ax}{x(z^2+b^2)}\,dx = \frac{\pi\left(1-e^{-ab}\right)}{b^2}i$$

$$\int_{-\infty}^{\infty} \frac{\operatorname{sen}\alpha x}{x(x^2+b^2)}\,dx = \frac{\pi\left(1-e^{-ab}\right)}{b^2},\ a\in\mathbb{R}_*^+\text{ e }b\in\mathbb{R}_*^+$$

r) Calcule a integral $\int_{-\infty}^{\infty} \dfrac{\cos x}{\pi^2 - 4x^2}\, dx$.

Solução:

Seja a função $F(z) = \dfrac{1}{\pi^2 - 4z^2} = \dfrac{1}{(\pi - 2z)(\pi + 2z)}$. A função possui dois polos simples no eixo x, $z_0 = \dfrac{\pi}{2}$

e $z_1 = -\dfrac{\pi}{2}$. Cálculo dos resíduos nos polos:

$F(z) = \dfrac{p(z)}{q(z)}$, $\operatorname{Res}\big(F(z)e^{zi}, z_k\big) = \dfrac{p(z_k)}{q'(z_k)} e^{z_k i}$, assim,

$q(z) = \pi^2 - 4z^2 \Rightarrow q'(z) = -8z$

$\operatorname{Res}\big(F(z)e^{iz}, z_o\big) = \dfrac{p(z_0)}{q'(z_0)} = \dfrac{e^{\frac{\pi}{2}i}}{-4\pi} = -\dfrac{i}{4\pi}$,

$\operatorname{Res}\big(F(z)e^{iz}, z_1\big) = \dfrac{p(z_1)}{q'(z_1)} = \dfrac{e^{-\frac{\pi}{2}i}}{4\pi} = -\dfrac{i}{4\pi}$

Onde $F(z)$,

$\left| F(z) \right| = \left| \dfrac{1}{\pi^2 - 4z^2} \right| = \dfrac{1}{\left|4z^2 - \pi^2\right|} \leq \dfrac{1}{\left\|4z^2\right| - \left|\pi^2\right\|} = \dfrac{1}{\left|4R^2 - \pi^2\right|}$, para $R > \dfrac{\pi}{2}$, podemos escrever,

$\left| F(z) \right| \leq \dfrac{1}{4R^2 - \pi^2} = M_R$, assim, quando $R \to \infty$, $M_R = 0$, por tanto, a função está nas condições do **Lema de Jordan**, por tanto, $\displaystyle\lim_{R \to \infty} \int_{C_R} F(z)e^{iz}\, dz = 0$.

Seja agora a curva de contorno, uma semicircunferência de raio R com centro na origem indentada no eixo x em z_0 e em z_1 por duas semicircunferência de raio r, ambas no semiplano positivo dos y, assim, aplicando o teorema dos resíduos e os limites $R \to \infty$ e $r \to 0$, ficamos com:

$$\int_{-\infty}^{\infty} \dfrac{e^{aiz}}{\pi^2 - 4z^2}\, dz = \pi i \sum_{k=0}^{1} \operatorname{Res}\big(Fe^{iz}, z_k\big) + 2\pi i \operatorname{Res}\big(Fe^{iz}\big)$$

$$\int_{-\infty}^{\infty} \dfrac{e^{iz}}{\pi^2 - 4z^2}\, dz = \pi i \left(-\dfrac{i}{4\pi} - \dfrac{i}{4\pi} \right) = \dfrac{1}{2}$$

$$\int_{-\infty}^{\infty} \dfrac{e^{iz}}{\pi^2 - 4z^2}\, dz = \int_{-\infty}^{\infty} \dfrac{\cos x}{\pi^2 - 4x^2}\, dx + i\int_{-\infty}^{\infty} \dfrac{\operatorname{sen} x}{\pi^2 - 4x^2}\, dx = \dfrac{1}{2}$$

$$\int_{-\infty}^{\infty} \dfrac{\cos x}{\pi^2 - 4x^2}\, dx = \dfrac{1}{2}$$

Como vimos nos últimos exemplos, em integrais com funções que possuem polos no eixo x, estas evitam a descontinuidade através da escolha de uma curva que contorna a singularidade no eixo pelo uso de semicircunferências. A seguir, generalizaremos este procedimento, mostrando que estes contornos não necessariamente precisam se fazer por arcos de π radianos (semicircunferências) e nesse caso, em que o contorno foi feito de maneira efetiva por um arco de α radianos os seus resíduos deverão ser multiplicados por αi na aplicação do Teorema dos Resíduos. Observe:

vi) <u>Teorema do Caminho Restrito</u>: Seja $F(z)$ uma função analítica exceto em um conjunto finito de pontos, seja z_0 um desses pontos, um **polo simples** cujo resíduo de F nesse ponto é dado por $\operatorname{Res}(F, z_0)$. Seja C_r uma curva formada por um arco de circunferência de ângulo α, tal que $\alpha = \theta_2 - \theta_1$, $0 < \theta_1 \leq \alpha \leq \theta_2 \leq 2\pi$, orientado positivamente, com centro em z_0 e raio r, parametrizado por $z(\theta) = z_0 + re^{\theta i}$ com $\theta_1 \leq \theta \leq \theta_2$.

Então

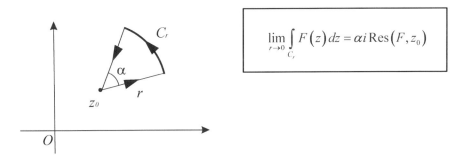

$$\lim_{r \to 0} \int_{C_r} F(z)\,dz = \alpha i \operatorname{Res}(F, z_0)$$

Demonstração:
Seja a parametrização do arco C_r,

$z(\theta) = z_0 + re^{\theta i}$, $\theta \in [\theta_1, \theta_2]$, $\theta_2 - \theta_1 = \alpha$, ainda, $dz = ire^{i\theta}d\theta$,

Seja $F(z)$ nas condições do enunciado, sua expansão em série de Laurent será dada por,

$F(z) = \dfrac{\operatorname{Res}(F, z_0)}{z - z_0} + A(z)$, definida para um $0 < |z - z_0| < r$,

onde $A(z)$ é contínua em z_0, por tanto, para um valor de r, suficientemente pequeno, existe M_R, tal que $|A(z)| < M_R$, de modo que quando $r \to 0$, $M_R \to 0$, assim,

$\displaystyle\int_{C_r} F(z)\,dz = \int_{C_r} \dfrac{\operatorname{Res}(F, z_0)}{z - z_0}\,dz + \int_{C_r} A(z)\,dz$

$\displaystyle\int_{C_r} F(z)\,dz = \int_{\theta_1}^{\theta_1 + \alpha} \dfrac{\operatorname{Res}(F, z_0)}{\underbrace{z - z_0}_{re^{i\theta}}}\,ire^{i\theta}d\theta + \int_{C_r} A(z)\,dz$

$\displaystyle\int_{C_r} F(z)\,dz = i\operatorname{Res}(F, z_0)\int_{\theta_1}^{\theta_1 + \alpha} d\theta + \int_{C_r} A(z)\,dz$, quando $r \to 0$, $\displaystyle\int_{C_r} A(z)\,dz = 0$, assim, no limite,

$\displaystyle\lim_{r \to 0} \int_{C_r} F(z)\,dz = \alpha i \operatorname{Res}(F, z_0)$

□

s) Calcule a integral $\int_0^\infty \frac{\ln x}{x^n+1}dx$, $n \geq 2$.

Solução:

Seja a função $F(z) = \frac{\ln z}{z^n+1}$, cujos polos se dão em $\begin{cases} z = 0 \\ z = e^{\pi\frac{(2k+1)i}{n}}, k \in \mathbb{Z}, k = 0, 1, 2, ..., n-1 \end{cases}$

Seja $z_0 = 0$, $z_1 = \frac{\pi}{n}i$ e $z_2 = \frac{3\pi}{n}i$, assim sendo, seja $\theta = \frac{2\pi}{n}$,

Cálculo do resíduo em z_1:

$F(z) = \frac{p(z)}{q(z)}$, $\text{Res}(F(z), z_k) = \frac{p(z_k)}{q'(z_k)}$

$\text{Res}\left(\frac{\ln z}{z^n+1}, e^{\frac{\pi}{n}i}\right) = \frac{\ln\left(e^{\frac{\pi}{n}i}\right)}{n\left(e^{\frac{\pi}{n}i}\right)^{n-1}} = \frac{\frac{\pi}{n}i}{n\left(e^{\frac{\pi}{n}i}\right)^{n-1}} = \frac{\pi}{n^2}i\left(e^{\frac{\pi}{n}i}\right)\underbrace{\left(e^{\frac{\pi}{n}i}\right)^{-n}}_{-1} = -\frac{\pi}{n^2}ie^{\frac{\pi}{n}i}$

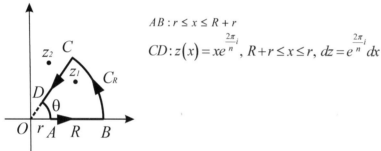

$AB: r \leq x \leq R+r$

$CD: z(x) = xe^{\frac{2\pi}{n}i}$, $R+r \leq x \leq r$, $dz = e^{\frac{2\pi}{n}i}dx$

Não precisamos nos preocupar em parametrizar os arcos, uma vez que o Lema de Jordan e o Teorema do caminho restrito nos garantem que as integrais de linha sobre estes serão nulas, assim, pelo teorema dos resíduos,

$\int_\gamma F(z)dz = \int_{AB} F(z)dz + \int_{CD} F(z)dz = 2\pi i \, \text{Res}\left(\frac{\ln z}{z^n+1}, e^{\frac{\pi}{n}i}\right)$

$\int_{AB} F(z)dz = \int_r^{R+r} \frac{\ln x}{x^n+1}dx = I$

$\int_{CD} F(z)dz = \int_{R+r}^r \frac{\ln\left(xe^{\frac{2\pi}{n}i}\right)}{\left(xe^{\frac{2\pi}{n}i}\right)^n + 1} e^{\frac{2\pi}{n}i}dz = -\int_r^{R+r} \frac{\ln x + \frac{2\pi}{n}i}{x^n e^{2\pi i}+1} e^{\frac{2\pi}{n}i}dz = -e^{\frac{2\pi}{n}i}\int_r^{R+r} \frac{\ln x + \frac{2\pi}{n}i}{x^n+1}dz =$

$\int_{CD} F(z)dz = -e^{\frac{2\pi}{n}i}\left(\int_r^{R+r} \frac{\ln x}{x^n+1}dz + \frac{2\pi}{n}i\int_r^{R+r} \frac{1}{x^n+1}dz\right)$

$$\int_\gamma F(z)\,dz = \int_r^{R+r} \frac{\ln x}{x^n+1}\,dx - e^{\frac{2\pi}{n}i}\left(\int_r^{R+r} \frac{\ln x}{x^n+1}\,dz + \frac{2\pi}{n}i\int_r^{R+r} \frac{1}{x^n+1}\,dz\right) = 2\pi i\,\text{Res}\left(\frac{\ln z}{z^n+1}, e^{\frac{\pi}{n}i}\right)$$

$$\int_r^{R+r} \frac{\ln x}{x^n+1}\,dx - e^{\frac{2\pi}{n}i}\int_r^{R+r} \frac{\ln x}{x^n+1}\,dz - \frac{2\pi}{n}ie^{\frac{2\pi}{n}i}\int_r^{R+r} \frac{1}{x^n+1}\,dz = 2\pi i\,\text{Res}\left(\frac{\ln z}{z^n+1}, e^{\frac{\pi}{n}i}\right)$$

$$\left(1-e^{\frac{2\pi}{n}i}\right)\int_r^{R+r} \frac{\ln x}{x^n+1}\,dx - \frac{2\pi}{n}ie^{\frac{2\pi}{n}i}\int_r^{R+r} \frac{1}{x^n+1}\,dz = 2\pi i\,\text{Res}\left(\frac{\ln z}{z^n+1}, e^{\frac{\pi}{n}i}\right)$$

No limite, quando $r \to 0$ e $R \to \infty$,

$$\left(1-e^{\frac{2\pi}{n}i}\right)\int_0^{\infty} \frac{\ln x}{x^n+1}\,dx - \frac{2\pi}{n}ie^{\frac{2\pi}{n}i}\int_0^{\infty} \frac{1}{x^n+1}\,dz = 2\pi i\,\text{Res}\left(\frac{\ln z}{z^n+1}, e^{\frac{\pi}{n}i}\right)$$

Como já visto anteriormente, $\int_0^{\infty} \frac{1}{x^n+1}\,dz = \frac{\pi}{n}\text{cossec}\left(\frac{\pi}{n}\right)$, substituindo,

$$\left(1-e^{\frac{2\pi}{n}i}\right)\int_0^{\infty} \frac{\ln x}{x^n+1}\,dx - \frac{2\pi}{n}ie^{\frac{2\pi}{n}i}\left(\frac{\pi}{n}\text{cossec}\left(\frac{\pi}{n}\right)\right) = \frac{2\pi^2}{n^2}e^{\frac{\pi}{n}i}$$

$$\left(1-e^{\frac{2\pi}{n}i}\right)\int_0^{\infty} \frac{\ln x}{x^n+1}\,dx - \frac{2\pi^2}{n^2}ie^{\frac{2\pi}{n}i}\text{cossec}\left(\frac{\pi}{n}\right) = \frac{2\pi^2}{n^2}e^{\frac{\pi}{n}i}\text{, dividindo ambos os membros por } e^{\frac{\pi}{n}i},$$

$$\left(e^{-\frac{\pi}{n}i}-e^{\frac{\pi}{n}i}\right)\int_0^{\infty} \frac{\ln x}{x^n+1}\,dx - \frac{2\pi^2}{n^2}ie^{\frac{\pi}{n}i}\text{cossec}\left(\frac{\pi}{n}\right) = \frac{2\pi^2}{n^2}\text{, dividindo tudo por} -2i,$$

$$\underbrace{\left(\frac{e^{\frac{\pi}{n}i}-e^{-\frac{\pi}{n}i}}{2i}\right)}_{\text{sen}\left(\frac{\pi}{n}\right)}\int_0^{\infty} \frac{\ln x}{x^n+1}\,dx + \frac{\pi^2}{n^2}e^{\frac{\pi}{n}i}\text{cossec}\left(\frac{\pi}{n}\right) = \frac{\pi^2}{n^2}i$$

$$\text{sen}\left(\frac{n}{n}\right)\int_0^{\infty} \frac{\ln x}{x^n+1}\,dx + \frac{\pi^2}{n^2}\underbrace{\left(\cos\left(\frac{\pi}{n}\right)+i\,\text{sen}\left(\frac{\pi}{n}\right)\right)}_{e^{\frac{\pi}{n}}}\frac{1}{\text{sen}\left(\frac{\pi}{n}\right)} = \frac{\pi^2}{n^2}i$$

$$\text{sen}\left(\frac{\pi}{n}\right)\int_0^{\infty} \frac{\ln x}{x^n+1}\,dx + \frac{\pi^2}{n^2}\text{cotg}\left(\frac{\pi}{n}\right) + \frac{\pi^2}{n^2}i = \frac{\pi^2}{n^2}i$$

$$\text{sen}\left(\frac{\pi}{n}\right)\int_0^{\infty} \frac{\ln x}{x^n+1}\,dx = -\frac{\pi^2}{n^2}\text{cotg}\left(\frac{\pi}{n}\right) \Rightarrow \int_0^{\infty} \frac{\ln x}{x^n+1}\,dx = -\frac{\pi^2}{n^2}\text{cotg}\left(\frac{\pi}{n}\right)\text{cossec}\left(\frac{\pi}{n}\right)$$

t) Refaça a integral anterior utilizando a substituição $x = e^t$.
Solução:
Da integral anterior, $\int_0^\infty \frac{\ln x}{x^n+1} dx$, para a substituição pretendida, temos, $x = e^t$, $dx = e^t dt$, assim,

$$\int_0^\infty \frac{\ln x}{x^n+1} dx = \int_{-\infty}^\infty \frac{t}{e^{tn}+1} e^t dt$$

Seja $F(t) = \frac{t}{e^{nt}+1} e^t$, são polos de t, $e^{nt} = -1 = e^{(2k+1)\pi i} \Rightarrow t = \frac{(2k+1)}{n}\pi i$, $k \in \mathbb{Z}$, $k = 1, 2, \ldots, n-1$,

Cálculo de resíduo em $t = \frac{\pi}{n} i$,

$$F(t) = \frac{p(t)}{q(t)}, \quad \text{Res}(F(t), t_k) = \frac{p(t_k)}{q'(t_k)}$$

$$\text{Res}\left(\frac{t}{t^n+1} e^t, \frac{\pi}{n} i\right) = \frac{\frac{\pi}{n} i}{n\left(\frac{\pi}{n} i\right)^{n-1}} e^{\frac{\pi}{n} i} = \frac{\pi}{n^2} i \left(\frac{\pi}{n} i\right)\left(\frac{\pi}{n} i\right)^{-n} e^{\frac{\pi}{n} i} = -\frac{\pi^2}{n^3}\left(\frac{\pi}{n} i\right)^{-n} e^{\frac{\pi}{n} i}$$

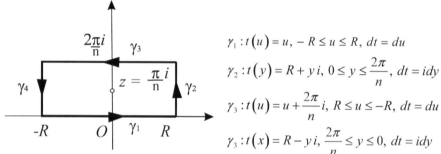

$\gamma_1 : t(u) = u$, $-R \leq u \leq R$, $dt = du$
$\gamma_2 : t(y) = R + yi$, $0 \leq y \leq \frac{2\pi}{n}$, $dt = idy$
$\gamma_3 : t(u) = u + \frac{2\pi}{n} i$, $R \leq u \leq -R$, $dt = du$
$\gamma_3 : t(x) = R - yi$, $\frac{2\pi}{n} \leq y \leq 0$, $dt = idy$

Do teorema dos Resíduos, temos que

$$\int_\gamma F(t) e^t dt = \int_{\gamma_1} F(t) e^t dt + \int_{\gamma_2} F(t) e^t dt + \int_{\gamma_3} F(t) e^t dt + \int_{\gamma_4} F(t) e^t dt = 2\pi i \, \text{Res}\left(F(t) e^t, \frac{\pi}{n} i\right)$$

$$\int_{\gamma_1} F(t) e^t dt = \int_{-R}^R \frac{t}{e^{nt}+1} e^t dt$$

$$\int_{\gamma_3} F(t) e^t dt = \int_R^{-R} \frac{u + \frac{2\pi}{n} i}{e^{n\left(u+\frac{2\pi}{n} i\right)}+1} e^{\left(u+\frac{2\pi}{n} i\right)} du = -\int_{-R}^R \frac{u + \frac{2\pi}{n} i}{e^{nu}+1} e^u e^{\frac{2\pi}{n} i} du = -e^{\frac{2\pi}{n} i} \int_{-R}^R \frac{u + \frac{2\pi}{n} i}{e^{nu}+1} e^u du$$

$$\int_{\gamma_3} F(t) e^t dt = -e^{\frac{2\pi}{n} i} \left(\int_{-R}^R \frac{u}{e^{nu}+1} e^u du + \frac{2\pi}{n} i \int_{-R}^R \frac{e^u}{e^{nu}+1} du\right)$$

Vamos mostrar agora que as integrais γ_2 e γ_4 se anulam no percurso:

Do percurso de γ_2 sabemos que $|t| \leq R + y \leq R + \frac{2\pi}{n}$, assim,

$$\left|F(t)e^t\right|=\left|\frac{t}{e^{nt}+1}e^t\right|=\left|t\right|\left|\frac{e^t}{e^{nt}+1}\right|\leq\left(R+\frac{2\pi}{n}\right)\frac{e^R}{e^{nR}-1}=\frac{R+\dfrac{2\pi}{n}}{e^{(n-1)R}-e^R}$$

Através da desigualdade ML temos que,

$$\left|\int_{\gamma_2}F(t)e^t\,dt\right|=\left|\int_{\gamma_2}\frac{t}{e^{nt}+1}e^t\,dt\right|\leq L(\gamma_2)\frac{\left(R+\dfrac{2\pi}{n}\right)}{e^{(n-1)R}-e^R}=\frac{2\pi}{n}\frac{\left(R+\dfrac{2\pi}{n}\right)}{e^{(n-1)R}-e^R}$$

No limite, quando $R\to\infty$,

$$\left|\int_{\gamma_2}F(t)e^t\,dt\right|=\frac{2\pi}{n}\frac{\left(R+\dfrac{2\pi}{n}\right)}{e^{(n-1)R}-e^R}=0$$

O mesmo ocorrendo para γ_4.

Reescrevendo o Teorema dos Resíduos, ficamos com,

$$\int_{\gamma}F(t)e^t\,dt=\int_{\gamma_1}F(t)e^t\,dt+\underset{0}{\underbrace{\int_{\gamma_2}F(t)e^t\,dt}}+\int_{\gamma_3}F(t)e^t\,dt+\underset{0}{\underbrace{\int_{\gamma_4}F(t)e^t\,dt}}=2\pi i\,\mathrm{Res}\left(F(t)e^t,\frac{\pi}{n}i\right)$$

$$\int_{-\infty}^{\infty}\frac{t}{e^{nt}+1}e^t\,dt-e^{\frac{2\pi}{n}i}\left(\int_{-\infty}^{\infty}\frac{t}{e^{nt}+1}e^t\,dt+\frac{2\pi}{n}i\int_{-\infty}^{\infty}\frac{e^t}{e^{nt}+1}\,dt\right)=2i\left(-\frac{\pi^3}{n^3}\left(\frac{\pi}{n}i\right)^{-n}e^{\frac{\pi}{n}i}\right)$$

$$\int_{-\infty}^{\infty}\frac{t}{e^{nt}+1}e^t\,dt-e^{\frac{2\pi}{n}i}\int_{-\infty}^{\infty}\frac{t}{e^{nt}+1}e^t\,dt-e^{\frac{2\pi}{n}i}\frac{2\pi}{n}i\int_{-\infty}^{\infty}\frac{e^t}{e^{nt}+1}\,dt=2i\left(-\frac{\pi^3}{n^3}\left(\frac{\pi}{n}i\right)^{-n}e^{\frac{\pi}{n}i}\right)$$

$$\left(1-e^{\frac{2\pi}{n}i}\right)\int_{-\infty}^{\infty}\frac{t}{e^{nt}+1}e^t\,dt-e^{\frac{2\pi}{n}i}\frac{2\pi}{n}i\int_{-\infty}^{\infty}\frac{e^t}{e^{nt}+1}\,dt=2i\left(-\frac{\pi^3}{n^3}\left(\frac{\pi}{n}i\right)^{-n}e^{\frac{\pi}{n}i}\right),\text{ dividindo por }-2ie^{\frac{\pi}{n}i}$$

$$\left(\frac{e^{\frac{\pi}{n}i}-e^{-\frac{\pi}{n}i}}{2i}\right)\int_{-\infty}^{\infty}\frac{t}{e^{nt}+1}e^t\,dt+e^{-\frac{\pi}{n}i}\frac{\pi}{n}\int_{-\infty}^{\infty}\frac{e^t}{e^{nt}+1}\,dt=\frac{\pi^3}{n^3}\left(\frac{\pi}{n}i\right)^{-n},\ \int_{-\infty}^{\infty}\frac{e^t}{e^{nt}+1}\,dt=\frac{\pi}{n}\mathrm{cossec}\left(\frac{\pi}{n}\right)$$

$$\mathrm{sen}\left(\frac{\pi}{n}\right)\int_{-\infty}^{\infty}\frac{t}{e^{nt}+1}e^t\,dt+e^{-\frac{\pi}{n}i}\frac{\pi}{n}\left[\frac{\pi}{n}\mathrm{cossec}\left(\frac{\pi}{n}\right)\right]=\frac{\pi^3}{n^3}\left(\frac{\pi}{n}i\right)^{-n}$$

$$\mathrm{sen}\left(\frac{\pi}{n}\right)\int_{-\infty}^{\infty}\frac{t}{e^{nt}+1}e^t\,dt+\left(\cos\left(\frac{\pi}{n}\right)+i\,\mathrm{sen}\left(\frac{\pi}{n}\right)\right)\frac{\pi}{n}\left[\frac{\pi}{n}\mathrm{cossec}\left(\frac{\pi}{n}\right)\right]=\frac{\pi^3}{n^3}\left(\frac{\pi}{n}i\right)^{-n}$$

Da parte real,

$$\mathrm{sen}\left(\frac{\pi}{n}\right)\int_{-\infty}^{\infty}\frac{t}{e^{nt}+1}e^t\,dt=-\cos\left(\frac{\pi}{n}\right)\left[\frac{\pi^2}{n^2}\mathrm{cossec}\left(\frac{\pi}{n}\right)\right]$$

$$\int_{-\infty}^{\infty}\frac{t}{e^{nt}+1}e^t\,dt=\int_{0}^{\infty}\frac{\ln x}{x^n+1}\,dx=-\frac{\pi^2}{n^2}\mathrm{cotg}\left(\frac{\pi}{n}\right)\mathrm{cossec}\left(\frac{\pi}{n}\right)$$

u) Calcule a integral $\int_0^\infty \dfrac{\mathrm{sen}\left(x^n\right)}{x^n}\,dx$, $n \geq 1$. [19]

Solução:

Essa sem dúvida é uma das integrais em que utilizaremos uma maior gama de recursos, indo desde o método de Feynman até a função Gama.

$$I = \int_0^\infty \frac{\mathrm{sen}\left(x^n\right)}{x^n}\,dx,\ n \geq 1$$

1ª Parte – Método de Feynman

Para que possamos atingir o nosso objetivo, vamos trabalhar com uma variação da integral proposta, na qual vamos incluir uma nova variável, t,

$$f(t) = \int_0^\infty \frac{\mathrm{sen}\left(t\,x^n\right)}{x^n}\,dx \text{ , observe que } f(1) = I,$$

$$f'(t) = \int_0^\infty \frac{\partial}{\partial t}\frac{\mathrm{sen}\left(t\,x^n\right)}{x^n}\,dx = \int_0^\infty \frac{x^n \cos\left(t\,x^n\right)}{x^n}\,dx$$

$$f'(t) = \int_0^\infty \cos\left(t\,x^n\right)\,dx$$

2ª Parte – Introduzindo a função complexa

Podemos considerar o cosseno acima como a parte real de uma função complexa,

$$e^{itx^n} = \cos\left(t\,x^n\right) + i\,\mathrm{sen}\left(t\,x^n\right) \Rightarrow \cos\left(t\,x^n\right) = \mathrm{Re}\left[e^{itx^n}\right], \text{ assim,}$$

$$f'(t) = \int_0^\infty \cos\left(t\,x^n\right)\,dx = \int_0^\infty \mathrm{Re}\left[e^{itx^n}\right]\,dx = \mathrm{Re}\left[\int_0^\infty e^{itx^n}\,dx\right],$$

Vamos denominar a nova integral por $J = \int_0^\infty e^{itx^n}\,dx$,

Note que se conseguirmos reescrever o expoente na forma $-w^n$, teríamos, $J = \int_0^\infty e^{-w^n}\,dx$,

O que mais tarde, através de uma simples mudança de variáveis nos levaria a função gama[20],

3ª Parte – Integral de Contorno

Reescrevendo o expoente,

$$itx^n = i\left(t^{\frac{1}{n}}x\right)^n = -(-i)\left(t^{\frac{1}{n}}x\right)^n = -\left(e^{-\frac{\pi}{2}i}\right)\left(t^{\frac{1}{n}}x\right)^n = -\underbrace{\left(e^{-\frac{\pi}{2n}i}\,t^{\frac{1}{n}}x\right)^n}_{w}, \text{ assim,}$$

$$J = \int_0^\infty e^{-\left(e^{-\frac{\pi}{2n}i}\,t^{\frac{1}{n}}x\right)^n}\,dx = \lim_{R\to\infty}\int_0^R e^{-\left(e^{-\frac{\pi}{2n}i}\,t^{\frac{1}{n}}x\right)^n}\,dx,$$

seja agora, $w = e^{-\frac{\pi}{2n}i}\,t^{\frac{1}{n}}x$, $dw = e^{-\frac{\pi}{2n}i}\,t^{\frac{1}{n}}\,dx \Rightarrow dx = e^{\frac{\pi}{2n}i}\,t^{-\frac{1}{n}}\,dw$ e $\begin{cases} x = R \to w = e^{\frac{-\pi}{2n}i}\,t^{\frac{1}{n}}R \\ x = 0 \to w = 0 \end{cases}$, ficamos com,

---

[19] qncubed3. "Complex Analysis: Integral of sin(x^n)/x^n using Contour Integration.
https://www.youtube.com/watch?v=ovj71qp7C4k&t=5s

[20] $J = \int_0^\infty e^{-w^n}\,dw$, fazendo $u = w^n$, $du = nw^{n-1}\,dx = nu\left(u^{\frac{1}{n}}\right)^{-1}\,dx = nu^{1-\frac{1}{n}}\,dx \Rightarrow dx = \frac{1}{n}u^{\frac{1}{n}-1}\,dx$, o que substituindo,

$$J = \int_0^\infty e^{-w^n}\,dw = \int_0^\infty e^{-u}\frac{1}{n}u^{\frac{1}{n}-1}\,du = \frac{1}{n}\int_0^\infty e^{-u}u^{\frac{1}{n}-1}\,du = \frac{1}{n}\Gamma\left(\frac{1}{n}\right)$$

$$J = \lim_{R \to \infty} \int_0^{e^{\frac{-\pi}{2n}i}\frac{1}{t^n}R} e^{-w^n} e^{\frac{\pi}{2n}i} t^{\frac{-1}{n}} dw = e^{\frac{\pi}{2n}i} t^{\frac{-1}{n}} \lim_{R \to \infty} \int_0^{e^{\frac{-\pi}{2n}i}\frac{1}{t^n}R} e^{-w^n} dw$$

$$J = e^{\frac{\pi}{2n}i} t^{\frac{-1}{n}} \lim_{R \to \infty} \int_0^{e^{\frac{-\pi}{2n}i}\frac{1}{t^n}R} e^{-z^n} dz$$, no limite, podemos desconsiderar o fator $\frac{1}{t^n}$, ficando com

$$J = e^{\frac{\pi}{2n}i} t^{\frac{-1}{n}} \lim_{R \to \infty} \int_0^{e^{\frac{-\pi}{2n}i}R} e^{-z^n} dz$$

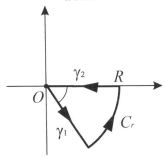

Através dos extremos de integração, podemos construir nossa curva de contorno. Do expoente de e, temos que o nosso z se encontra no 4º quadrante, e a medida em que R tende ao infinito, z aumenta sua norma, o que faz com que sua parte real também cresça rumo ao infinito. Do Teorema dos Resíduos, temos:

$$\int_{\gamma_1} e^{-z^n} dz + \int_{C_R} e^{-z^n} dz + \int_{\gamma_2} e^{-z^n} dz = 0$$, ou seja, se mostrarmos que $\int_{C_R} e^{-z^n} dz \to 0$,

no limite, quando $R \to \infty$, teremos:

$$\int_{\gamma_1} e^{-z^n} dz + \int_R^0 e^{-z^n} dz = 0 \Rightarrow \int_{\gamma_1} e^{-z^n} dz = \int_0^R e^{-z^n} dz$$

<u>4ª Parte</u> $- \int_{C_R} e^{-z^n} dz \to 0$

$C_R : z(\theta) = R e^{i\theta}, \frac{-\pi}{2n} \leq \theta \leq 0$, $dz = iR e^{i\theta} d\theta$

$$\int_{C_R} e^{-z^n} dz = \int_{\frac{-\pi}{2n}}^0 e^{-(Re^{i\theta})^n} iR e^{i\theta} d\theta$$

$$\left| \int_{\frac{-\pi}{2n}}^0 e^{-(Re^{i\theta})^n} iR e^{i\theta} d\theta \right| \leq R\int_{\frac{-\pi}{2n}}^0 \left| e^{-(Re^{i\theta})^n} \right| d\theta = R\int_{\frac{-\pi}{2n}}^0 \left| e^{-R^n e^{i\theta n}} \right| d\theta = R\int_{\frac{-\pi}{2n}}^0 \left| e^{-R^n(\cos(\theta n)+i\,\text{sen}(\theta n))} \right| d\theta = R\int_{\frac{-\pi}{2n}}^0 e^{-R^n \cos(\theta n)} d\theta$$,

Observe que a função do integrando é positiva e decrescente, precisamos então encontrar um valor menor do que $\cos(\theta n)$, de modo que a função majorize a função atual, assim, se substituirmos $\cos(\theta n)$ por $\frac{2n}{\pi}\theta + 1$ teremos certeza de que no intervalo, $\frac{-\pi}{2n} \leq \theta \leq 0$, $\frac{2n}{\pi}\theta + 1 \leq \cos(\theta n) \Rightarrow e^{-R^n(\cos(\theta n))} \leq e^{-R^n\left(\frac{2n}{\pi}\theta + 1\right)}$,

assim podemos escrever,

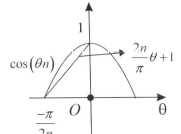

$$\left| \int_{\frac{-\pi}{2n}}^0 e^{-(Re^{i\theta})^n} iR e^{i\theta} d\theta \right| \leq R\int_{\frac{-\pi}{2n}}^0 e^{-R^n \cos(\theta n)} d\theta \leq R\int_{\frac{-\pi}{2n}}^0 e^{-R^n\left(\frac{2n}{\pi}\theta + 1\right)} d\theta$$

Calculando a integral,

$$\left| \int_{\frac{-\pi}{2n}}^0 e^{-(Re^{i\theta})^n} iR e^{i\theta} d\theta \right| \leq R\int_{\frac{-\pi}{2n}}^0 e^{-R^n\left(\frac{2n}{\pi}\theta + 1\right)} d\theta = R\left[\frac{\pi}{-2nR^n} e^{-R^n\left(\frac{2n}{\pi}\theta + 1\right)} \right]_{\frac{-\pi}{2n}}^0$$

$$\left| \int_{\frac{-\pi}{2n}}^0 e^{-(Re^{i\theta})^n} iR e^{i\theta} d\theta \right| \leq R\left[\frac{\pi}{-2nR^n} e^{-R^n\left(\frac{2n}{\pi}\theta + 1\right)} \right]_{\frac{-\pi}{2n}}^0 = \frac{-\pi}{2nR^{n-1}}\left[e^{-R^n} - 1 \right]$$

$$\left| \int_{-\frac{\pi}{2n}}^{0} e^{-\left(Re^{i\theta}\right)^n} iR\, e^{i\theta}\, d\theta \right| \le R\frac{\pi}{2nR^{n-1}}\left[1-e^{-R^n}\right], \text{ assim, no limite, } \lim_{R\to\infty}\left| \int_{-\frac{\pi}{2n}}^{0} e^{-\left(Re^{i\theta}\right)^n} iR\, e^{i\theta}\, d\theta \right| = 0,$$

por tanto, $\displaystyle \lim_{R\to\infty}\int_{C_R} e^{-z^n}\, dz \to 0$

<u>5ª Parte</u> – Fazendo aparecer a função Gama

$$J = e^{\frac{\pi}{2n}i}\, t^{\frac{-1}{n}}\lim_{R\to\infty}\int_0^{e^{\frac{-\pi}{2n}i}R} e^{-z^n}\, dz = e^{\frac{\pi}{2n}i}\, t^{\frac{-1}{n}}\lim_{R\to\infty}\int_0^{R} e^{-z^n}\, dz = e^{\frac{\pi}{2n}i}\, t^{\frac{-1}{n}}\int_0^{\infty} e^{-z^n}\, dz,$$

Seja a mudança de variável, $u = z^n$, $du = nz^{n-1}dz$

$$du = nz^{n-1}dz \Rightarrow du = nz^n z^{-1}dz \Rightarrow du = nuz^{-1}dz = nu\left(u^{\frac{1}{n}}\right)^{-1}dz, \text{ finalmente,}$$

$$dz = \frac{1}{n}u^{-1}u^{\frac{1}{n}} = \frac{1}{n}u^{\frac{1}{n}-1}du, \text{ ficamos com,}$$

$$J = e^{\frac{\pi}{2n}i}\, t^{\frac{-1}{n}}\int_0^{\infty} e^{-z^n}\frac{1}{n}u^{\frac{1}{n}-1}du = \frac{e^{\frac{\pi}{2n}i}\, t^{\frac{-1}{n}}}{n}\int_0^{\infty} e^{-z^n}u^{\frac{1}{n}-1}du = \frac{e^{\frac{\pi}{2n}i}\, t^{\frac{-1}{n}}}{n}\Gamma\left(\frac{1}{n}\right), \text{ assim,}$$

$$\mathrm{Re}(J) = \frac{1}{n}\cos\left(\frac{\pi}{2n}\right)t^{\frac{-1}{n}}\Gamma\left(\frac{1}{n}\right),$$

<u>6ª Parte</u> – Cálculo da função original $f(t)$ (concluindo o método de Feynman)

Note que $f'(t) = \mathrm{Re}(J)$, por tanto, $f(t) = \int \frac{1}{n}\cos\left(\frac{\pi}{2n}\right)t^{\frac{-1}{n}}\Gamma\left(\frac{1}{n}\right)dt$, onde para estipularmos os limites de integração, vale lembrarmos do Teorema fundamental do Cálculo, que nos diz que, $\int_a^x f'(t)dt = f(x) - f(a)$, assim, para um determinado valor de a, encontramos o valor da função em x. Vamos experimentar $a = 0$, observe que, $f(0) = \int_0^{\infty}\frac{\mathrm{sen}\left(0\, x^n\right)}{x^n}dx = 0$, o que mostra ser a escolha conveniente para a, assim,

$$f(t) = \int_0^t \frac{1}{n}\cos\left(\frac{\pi}{2n}\right)y^{\frac{-1}{n}}\Gamma\left(\frac{1}{n}\right)dy = \frac{1}{n}\cos\left(\frac{\pi}{2n}\right)\Gamma\left(\frac{1}{n}\right)\int_0^t y^{\frac{-1}{n}}\, dy$$

$$f(t) = \frac{1}{n}\cos\left(\frac{\pi}{2n}\right)\Gamma\left(\frac{1}{n}\right)\int_0^t y^{\frac{-1}{n}}\, dy = \frac{1}{n}\cos\left(\frac{\pi}{2n}\right)\Gamma\left(\frac{1}{n}\right)\left[\frac{y^{1-\frac{1}{n}}}{1-\frac{1}{n}}\right]_0^t$$

$$f(t) = \frac{1}{n}\cos\left(\frac{\pi}{2n}\right)\Gamma\left(\frac{1}{n}\right)\frac{t^{1-\frac{1}{n}}}{1-\frac{1}{n}}$$

$$f(t) = \cos\left(\frac{\pi}{2n}\right)\Gamma\left(\frac{1}{n}\right)\frac{t^{1-\frac{1}{n}}}{n-1}, \text{ como a integral procurada por nós acontece em } f(1), \text{ temos,}$$

$f(1) = I = \dfrac{\cos\left(\dfrac{\pi}{2n}\right)\Gamma\left(\dfrac{1}{n}\right)}{n-1}$, no entanto, percebemos que as condições iniciais, $n \geq 1$, não estão satisfeitas, desse modo, se faz necessário o cálculo do limite para $n = 1$.

7ª Parte – Cálculo do limite da função para $n = 1$
Da função,

$$\frac{\cos\left(\dfrac{\pi}{2n}\right)\Gamma\left(\dfrac{1}{n}\right)}{n-1}$$

Notamos que no limite, quando $n \to 1$, teremos as seguintes indeterminações,

$$\frac{\cos\left(\dfrac{\pi}{2n}\right)^{\nearrow 0}\Gamma\left(\dfrac{1}{n}\right)}{n-1_{\searrow 0}} = \frac{0}{0}\,\Gamma(1),$$ de onde temos que a função Gama é irrelevante para o cálculo do limite,

Assim, pela Regra de L'Hospital,

$$\lim_{n \to 1} \frac{\dfrac{d}{dn}\left[\cos\left(\dfrac{\pi}{2n}\right)\right]}{\dfrac{d}{dn}[n-1]} = \lim_{n \to 1} \frac{-\operatorname{sen}\left(\dfrac{\pi}{2n}\right)\left(\dfrac{-1}{n^2}\right)\left(\dfrac{\pi}{2}\right)}{1} = \lim_{n \to 1} \operatorname{sen}\left(\dfrac{\pi}{2n}\right)\left(\dfrac{1}{n^2}\right)\left(\dfrac{\pi}{2}\right) = \frac{\pi}{2},$$

Assim,

$$\int_0^\infty \frac{\operatorname{sen}\left(x^n\right)}{x^n}\,dx = \begin{cases} \dfrac{\pi}{2}, \, n = 1 \\[4mm] \dfrac{\cos\left(\dfrac{\pi}{2n}\right)\Gamma\left(\dfrac{1}{n}\right)}{n-1}, \, n > 1 \end{cases}$$

v) Calcule a integral de Planck[21] $I = \int_0^\infty \dfrac{x^3}{e^x - 1} dx$.

Solução:
Como vimos, existe mais de uma maneira de abordarmos a solução desta integral, no momento, realizaremos a mesma com a ajuda do Teorema dos Resíduos.

Vamos introduzir uma nova variável, t, para nos ajudar no processo, sendo assim, seja a função,

$$f(t) = \int_0^\infty \frac{\operatorname{sen}(tx)}{e^x - 1} dx$$

É fácil comprovarmos que,

$$I = -\frac{d^{(3)}}{dt^{(3)}} f(t)_{t=0} \text{ ou } \int_0^\infty \frac{x^3}{e^x - 1} dx = -\frac{d^{(3)}}{dt^{(3)}} \left[\int_0^\infty \frac{\operatorname{sen}(tx)}{e^x - 1} dx \right]_{t=0}$$

Assim, vamos nos concentrar em resolver a integral $f(t) = \int_0^\infty \dfrac{\operatorname{sen}(tx)}{e^x - 1} dx = \operatorname{Im}\left[\int_0^\infty \dfrac{e^{tzi}}{e^z - 1} dz\right]$.

A função $g(z) = \dfrac{e^{tzi}}{e^z - 1}$ apresenta polos ao longo do eixo imaginário que devemos contornar, $e^z = 1 = e^{2k\pi i} \Rightarrow z = 2k\pi i$, $k \in \mathbb{Z}$, $z_1 = 0$ e $z_2 = 2\pi i$,

Vamos então considerar o contorno,

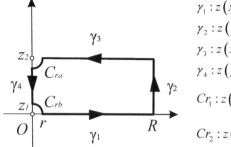

$\gamma_1 : z(x) = x$, $r \leq x \leq R$, $dz = dx$

$\gamma_2 : z(y) = R + yi$, $0 \leq y \leq 2\pi$, $dz = idy$

$\gamma_3 : z(x) = x + 2\pi i$, $R \leq x \leq r$, $dz = dx$

$\gamma_4 : z(y) = yi$, $2\pi - r \leq y \leq r$, $dz = idy$

$Cr_1 : z(\theta) = re^{i\theta}$, $0 \leq \theta \leq \dfrac{\pi}{2}$, $dz = ire^{i\theta} d\theta$

$Cr_2 : z(\theta) = re^{i\theta} + 2\pi i$, $-\dfrac{\pi}{2} \leq \theta \leq 0$, $dz = ire^{i\theta} d\theta$

Assim, do Teorema dos Resíduos,

$$\int_{\gamma_1} \frac{e^{tzi}}{e^z - 1} dz + \int_{\gamma_2} \frac{e^{tzi}}{e^z - 1} dz + \int_{\gamma_3} \frac{e^{tzi}}{e^z - 1} dz + \int_{\gamma_4} \frac{e^{tzi}}{e^z - 1} dz + \int_{Cr_1} \frac{e^{tzi}}{e^z - 1} dz + \int_{Cr_2} \frac{e^{tzi}}{e^z - 1} dz = 0$$

---

[21] A Lei de Planck, ou função de Planck (1901) nos permite quantizar teoricamente como a intensidade de um campo de radiação (energia por unidade de área, e por unidade de ângulo sólido) de um corpo com uma temperatura T, em equilíbrio termodinâmico, varia com a frequência (ou o comprimento de onda) através da expressão $I(\nu,T) = \dfrac{2h}{c^2} \dfrac{\nu^3}{e^{\frac{h\nu}{kT}} - 1}$ e a Lei de Stefan-Boltzmann nos fornece a potência total emitida por unidade de área do corpo negro através da integração da função de Planck em todo o domínio da frequência, ou seja, $\pi \int_0^\infty I(\nu,T) d\nu = \dfrac{2\pi h}{c^2} \int_0^\infty \dfrac{\nu^3}{e^{\frac{h\nu}{kT}} - 1} d\nu$, o que matematicamente nos leva a considerar a resolução da integral $\int_0^\infty \dfrac{x^3}{e^x - 1} dx$.

(h é a constante de Planck, c é a velocidade da luz no vácuo, k é a constante de Boltzmann, ν é a frequência e T é a temperatura)

Mas, sabemos pelo Teorema do Caminho Restrito, uma vez que z_1 e z_2 são polos simples, que não necessitamos calcular as integrais em Cr_1 e Cr_2, ao invés disso, basta calcularmos,

$$\int_{\gamma_1} \frac{e^{tzi}}{e^z-1}dz + \int_{\gamma_2} \frac{e^{tzi}}{e^z-1}dz + \int_{\gamma_3} \frac{e^{tzi}}{e^z-1}dz + \int_{\gamma_4} \frac{e^{tzi}}{e^z-1}dz = \alpha_1 i \operatorname{Res}\left(\frac{e^{tzi}}{e^z-1}, z_1=0\right) + \alpha_2 i \operatorname{Res}\left(\frac{e^{tzi}}{e^z-1}, z_1=2\pi i\right),$$

Para $\alpha_1 = \alpha_2 = \dfrac{\pi}{2}$ e,

Para $g(z) = \dfrac{p(z)}{q(z)}$, temos,

$\operatorname{Res}\left(g(z)e^{tzi}, z_k\right) = \dfrac{p(z_k)}{q'(z_k)}e^{tz_k i}$, assim,

$\operatorname{Res}\left(\dfrac{1}{e^z-1}e^{tzi}, 0\right) = 1$ e $\operatorname{Res}\left(\dfrac{1}{e^z-1}e^{tzi}, 2\pi i\right) = e^{-2\pi t}$, por tanto,

$$\int_{\gamma_1} \frac{e^{tzi}}{e^z-1}dz + \int_{\gamma_2} \frac{e^{tzi}}{e^z-1}dz + \int_{\gamma_3} \frac{e^{tzi}}{e^z-1}dz + \int_{\gamma_4} \frac{e^{tzi}}{e^z-1}dz = \frac{\pi}{2}i + \frac{\pi}{2}ie^{-2\pi t}$$

Onde,

- $\displaystyle\int_{\gamma_1} \frac{e^{tzi}}{e^z-1}dz = \int_r^R \frac{e^{txi}}{e^x-1}dx$, no limite, $R \to \infty$ e $r \to 0$, $\displaystyle\int_{\gamma_1} \frac{e^{tzi}}{e^z-1}dz = \int_0^\infty \frac{e^{txi}}{e^x-1}dx$

- $\displaystyle\int_{\gamma_2} \frac{e^{tzi}}{e^z-1}dz = \int_0^{2\pi} \frac{e^{t(R+yi)i}}{e^{R+yi}-1}idy = ie^{-(1-it)R}\int_0^{2\pi} \frac{e^{-ty}}{e^{yi}-e^{-R}}dy$ no limite, $R \to \infty$ e $r \to 0$,

  $\displaystyle\lim_{\substack{R\to\infty \\ r\to 0}} \int_{\gamma_2} \frac{e^{tzi}}{e^z-1}dz = \underbrace{ie^{-(1-it)R}}_{0}\int_0^{2\pi} \frac{e^{-ty}}{e^{yi}}dy = 0.\left[\frac{-e^{-(t+i)y}}{t+1}\right]_0^{2\pi} = 0$

- $\displaystyle\int_{\gamma_3} \frac{e^{tzi}}{e^z-1}dz = \int_R^r \frac{e^{t(x+2\pi i)i}}{e^{(x+2\pi i)}-1}dx = -e^{-2\pi t}\int_r^R \frac{e^{txi}}{e^x-1}dx$

- $\displaystyle\int_{\gamma_4} \frac{e^{tzi}}{e^z-1}dz = \int_{2\pi-r}^r \frac{e^{t(yi)i}}{e^{yi}-1}idy - i\int_r^{2\pi-r} \frac{e^{-ty}}{e^{yi}-1}dy = -i\int_r^{2\pi-r} \frac{e^{\frac{-yi}{2}}e^{-ty}}{e^{\frac{-yi}{2}}e^{yi}-1}dy$

  $\displaystyle\int_{\gamma_4} \frac{e^{tzi}}{e^z-1}dz = -i\int_r^{2\pi-r} \frac{e^{\frac{-yi}{2}-ty}}{e^{\frac{yi}{2}}-e^{\frac{-yi}{2}}}dy = -\frac{1}{2}\int_r^{2\pi-r} \frac{e^{-ty}e^{\frac{-yi}{2}}}{\operatorname{sen}\left(\frac{y}{2}\right)}dy$ no limite, $R \to \infty$ e $r \to 0$,

  $\displaystyle\int_{\gamma_4} \frac{e^{tzi}}{e^z-1}dz = -\frac{1}{2}\int_0^{2\pi} \frac{e^{-ty}e^{\frac{-yi}{2}}}{\operatorname{sen}\left(\frac{y}{2}\right)}dy \Rightarrow \operatorname{Im}\left(\int_{\gamma_4} \frac{e^{tzi}}{e^z-1}dz\right) = \frac{1}{2}\int_0^{2\pi} e^{-ty}dy$

Substituindo,

$$\int_r^R \frac{e^{txi}}{e^x-1}dx + ie^{-(1-it)R}\int_0^{2\pi}\frac{e^{-ty}}{e^{yi}-e^{-R}}dy - e^{-2\pi t}\int_r^R \frac{e^{txi}}{e^x-1}dx - \frac{1}{2}\int_r^{2\pi-r}\frac{e^{-ty}e^{-\frac{yi}{2}}}{\operatorname{sen}\left(\frac{y}{2}\right)}dy = \frac{\pi}{2}i+\frac{\pi}{2}ie^{-2\pi t}$$

$$\left(1-e^{-2\pi t}\right)\int_r^R \frac{e^{txi}}{e^x-1}dx + ie^{-(1-it)R}\int_0^{2\pi}\frac{e^{-ty}}{e^{yi}-e^{-R}}dy - \frac{1}{2}\int_r^{2\pi-r}\frac{e^{-ty}e^{-\frac{yi}{2}}}{\operatorname{sen}\left(\frac{y}{2}\right)}dy = \frac{\pi}{2}i+\frac{\pi}{2}ie^{-2\pi t}$$

no limite, $R \to \infty$ e $r \to 0$,

$$\left(1-e^{-2\pi t}\right)\int_0^{\infty} \frac{e^{txi}}{e^x-1}dx = \frac{1}{2}\int_0^{2\pi}\frac{e^{-ty}e^{-\frac{yi}{2}}}{\operatorname{sen}\left(\frac{y}{2}\right)}dy + \frac{\pi}{2}i\left(1+e^{-2\pi t}\right)$$

$$\int_0^{\infty} \frac{e^{txi}}{e^x-1}dx = \frac{1}{2\left(1-e^{-2\pi t}\right)}\int_0^{2\pi}\frac{e^{-ty}e^{-\frac{yi}{2}}}{\operatorname{sen}\left(\frac{y}{2}\right)}dy + \frac{\pi}{2}i\left(\frac{1+e^{-2\pi t}}{1-e^{-2\pi t}}\right)$$

Assim,

$$f(t) = \operatorname{Im}\left[\int_0^{\infty}\frac{e^{txi}}{e^x-1}dx\right] = \frac{-1}{2\left(1-e^{-2\pi t}\right)}\underbrace{\int_0^{2\pi}e^{-ty}\,dy}_{\frac{1-e^{-2\pi t}}{t}} + \frac{\pi}{2}\left(\frac{1+e^{-2\pi t}}{1-e^{-2\pi t}}\right)$$

$$f(t) = \frac{-1}{2t}+\frac{\pi}{2}\left(\frac{1+e^{-2\pi t}}{1-e^{-2\pi t}}\right) = \frac{-1}{2t}+\frac{\pi}{2}\operatorname{cotgh}(\pi t)$$

Da expansão em série de Laurent em torno da origem, temos,

$$\operatorname{cotgh} z = \frac{1}{z}-\frac{z}{3}-\frac{z^3}{45}-\frac{2z^5}{945}-\ldots \text{ , substituindo,}$$

$$f(t) = \frac{-1}{2t}+\frac{\pi}{2}\left(\frac{1}{\pi t}+\frac{\pi t}{3}-\frac{(\pi t)^3}{45}+\frac{2(\pi t)^5}{945}+\ldots\right) = \frac{\pi^2 t}{6}-\frac{\pi^4 t^3}{90}+\frac{2\pi^6 t^5}{1890}-\ldots \text{ , calculando,}$$

$$f'(t) = \frac{\pi^2}{6}-\frac{\pi^4 t^2}{30}+\frac{\pi^6 t^4}{189}-\ldots$$

$$f''(t) = -\frac{\pi^4 t}{15}+\frac{\pi^6 t^3}{63}-\ldots \text{ , finalmente,}$$

$$I = -\frac{d^{(3)}}{dt^{(3)}}f(t) = \frac{\pi^4}{15}-\frac{\pi^6 t^2}{21}+\ldots \text{, para } t=0,$$

$$\int_0^{\infty}\frac{x^3}{e^x-1}dx = \frac{\pi^4}{15}$$

vii) Funções, Com Caminhos Indentados ao longo de linhas de Ramificação:

Os pontos e linhas de ramificações aparecem quando tratamos com funções plurívocas ou multivalentes, como a função logarítmica, nesse caso, necessitamos limitar o domínio da função para que a mesma se torne unívoca. Usualmente costuma-se determinar que o argumento esteja entre $-\pi$ e π, (mantendo dessa forma a continuidade complexa) mas como sabemos, podemos alterar a linha de ramificação de acordo com a nossa necessidade. No exemplo abaixo, utilizaremos o intervalo de 0 à 2π, isso facilitará o nosso contorno, uma vez que estamos excluindo o semieixo positivo dos x.

Contorno tipo Buraco de Fechadura (Keyhole)

w) Calcule a integral $\int_0^\infty \frac{x^{-\alpha}}{x-1}dx$, $0 < \alpha < 1$.

Solução:

A integral, apesar de seu aspecto "simples", traz algumas armadilhas escondidas, como por exemplo, para os possíveis valores assumidos pela variável n, a função é plurívoca, por tanto necessitamos tomar cuidado com a linha de ramificação. Outra armadilha sutil, é que a potência no numerador, na verdade se encontra no denominador e não pode ser nulo, o que cria uma singularidade quando $x = 0$. Vamos começar por desmontar essas armadilhas:

Para definir a função complexa abaixo, vamos fazer uma pequena mudança de variável, $n = -\alpha$, para facilitar a manipulação, assim,

Seja $F(z) = \frac{z^n}{z-1}$, vamos estabelecer que $0 \leq \arg(z) < 2\pi$, resolvendo o problema da pluralidade;

Observe que a função possui dois polos, a saber, $z_1 = 1$ e $z_2 = 0$. Vamos calcular o valor do resíduo no polo $z_1 = -1$, o nosso contorno deverá deixar de fora o polo $z_2 = 0$,

$$\text{Res}(F(z), -1) = \lim_{z \to -1}(z+1)\frac{z^n}{z+1} = (-1)^n = (e^{\pi i})^n = e^{n\pi i}$$

Vamos estabelecer um contorno apropriado para realizarmos a nossa integração:

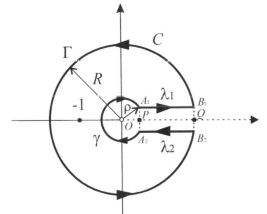

O contorno ao lado, dado pela curva C, recebe o nome de *buraco de fechadura* e possui algumas características interessantes, como os triângulos abaixo:

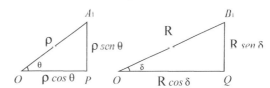

Que podem ser reconhecidos através de seus vértices em C e serão de grande ajuda na nossa parametrização.

Vamos começar pelos segmentos, λ_1, observe que o segmento possui a mesma medida e que varia de $\rho\cos\theta$ até $R\cos\theta$. O importante aqui é analisarmos o que deverá ocorrer quando $\rho \to 0$ e $R \to \infty$, o valor dos ângulos θ e δ tenderão à zero de modo que o cosseno tenderá à 1 e o seno à 0, desse modo ficamos confortáveis em substituir o cateto oposto ao ângulo pelo próprio raio e o cateto adjacente ao ângulo também,

$$\lambda_1 : z(t) = t + \rho i, \ \rho \leq t \leq R, \ dz = dt$$

Quanto a curva Γ, vamos considerar que o ângulo δ, varia de a até $2\pi - a = b$, assim,

$$\Gamma : z(\delta) = R\,e^{i\delta}, \ a \leq \delta \leq b, \ dz = iR\,e^{i\delta}d\delta$$

Já a curva λ_2, deverá variar de $R\cos\theta$ até $\rho\cos\theta$, que como vimos, poderemos substituir por simplesmente R e ρ. Teremos ainda um cuidado a mais na hora de substituir na função, visto que ambos os ângulos se aproximam de 2π, ao invés do zero, como em λ_1,

$$\lambda_2 : z(t) = t - \rho i, \ R \leq t \leq \rho, \ dz = dt$$

E por fim, que assim como fizemos em Γ, deveremos considerar a variação do ângulo θ de c até $2\pi - c = d$,

$$\gamma : z(\theta) = \rho e^{i\theta}, \ d = 2\pi - c \leq \theta \leq c, \ dz = i\rho e^{i\theta}$$

Reescrevendo todas a parametrizações, na ordem da curva C a partir de A_1, ficamos com,

$$\lambda_1 : z(t) = t + \rho i, \ \rho \leq t \leq R, \ dz = dt$$
$$\Gamma : z(\delta) = R\,e^{i\delta}, \ a \leq \delta \leq b, \ dz = iR\,e^{i\delta}d\delta$$
$$\lambda_2 : z(t) = t - \rho i, \ R \leq t \leq \rho, \ dz = dt$$
$$\gamma : z(\theta) = \rho e^{i\theta}, \ d = 2\pi - c \leq \theta \leq c, \ dz = i\rho e^{i\theta}$$

Aplicando o teorema dos Resíduos à Função,

$$\int_C F(z)dz = \int_{\lambda_1} F(z)dz + \int_\Gamma F(z)dz + \int_{\lambda_2} F(z)dz + \int_\gamma F(z)dz = 2\pi i \operatorname{Res}\big(F(z), -1\big)$$

$$\int_{\lambda_1} F(z)dz + \int_\Gamma F(z)dz + \int_{\lambda_2} F(z)dz + \int_\gamma F(z)dz = 2\pi i e^{n\pi i}$$

Vamos agora trabalhar com cada integral separadamente,

$$\boxed{\int_{\lambda_1} F(z)dz = \lim_{\substack{R \to \infty \\ \rho \to 0}} \int_\rho^R \frac{(t + i\rho)^n}{t + 1 + i\rho}dt = \int_0^\infty \frac{t^n}{t+1}dt}$$

Antes de calcularmos o limite para a integral sobre Γ, vamos verificar que a mesma é limitada e por tanto, no limite a integral irá para zero, observe,

$$\int_\Gamma F(z)dz = \lim_{R \to \infty} \int_a^b \frac{R^n e^{i\delta n}}{R\,e^{i\delta} + 1} iR\,e^{i\delta}d\delta = \lim_{R \to \infty} \int_a^b \frac{R^{n+1} e^{i\delta(n+1)}}{R\,e^{i\delta} + 1} i\,d\delta$$

$$\left| \int_a^b \frac{R^{n+1} e^{i\delta(n+1)}}{R\,e^{i\delta}+1} i\,d\delta \right| \le \int_a^b \left| \frac{R^{n+1} e^{i\delta(n+1)}}{R\,e^{i\delta}+1} i \right| d\delta = \int_a^b \frac{\left| R^{n+1} \right|}{\left| R\,e^{i\delta}-(-1) \right|} d\delta \le \int_a^b \frac{\left| R^{n+1} \right|}{\left\| R\,e^{i\delta} \right| - \left| -1 \right\|} d\delta\;^{22}$$

$$\left| \int_a^b \frac{R^{n+1} e^{i\delta(n+1)}}{R\,e^{i\delta}+1} i\,d\delta \right| \le \int_a^b \frac{\left| R^{n+1} \right|}{\left\| R\,e^{i\delta} \right| - \left| -1 \right\|} d\delta \le \int_a^b \frac{R^{n+1}}{R-1} d\delta = \frac{R^{n+1}}{R-1}\int_a^b d\delta = \frac{R^{n+1}}{R-1} K \text{ , no limite, quando } R \to \infty \text{ ,}$$

$$\left| \int_a^b \frac{R^{n+1} e^{i\delta(n+1)}}{R\,e^{i\delta}+1} i\,d\delta \right| \le \lim_{R\to\infty} \frac{R^{n+1}}{R-1} K \text{ , aplicando L'Hospital, } \lim_{R\to\infty}\frac{R^{n+1}}{R-1} K = \lim_{R\to\infty}\frac{(n+1)R^n}{1} K \text{ , como } n < 0 \text{ ,}$$

$$\lim_{R\to\infty}\frac{R^{n+1}}{R-1} K = 0 \text{ , por tanto,}$$

$$\boxed{\int_\Gamma F(z)\,dz = \lim_{R\to\infty}\int_a^b \frac{R^{n+1} e^{i\delta(n+1)}}{R\,e^{i\delta}+1} i\,d\delta = 0}$$

Agora vamos à λ_2,

$\int_{\lambda_2} F(z)\,dz = \int_R^\rho \frac{(t-i\rho)^n}{t+1-i\rho}\,dt$, devemos fazer agora com que apareça a diferença entre os segmentos; enquanto em λ_1 os ângulos θ e δ tendiam a zero no limite, agora, eles deverão tender a 2π e os limites deverão ser diferentes por conta do ramo de corte, para isso, vamos reescrever os integrandos utilizando a notação de potência de z, o que vai nos obrigar a escrever o argumento do complexo $t-i\rho$. Para isso, vamos considerar que o argumento do conjugado, $t+i\rho$, é igual a um ângulo φ, assim, $\operatorname{Arg}(t+\rho i) = \operatorname{tg}^{-1}\left(\frac{\rho}{t}\right) = \varphi$, por tanto, $\operatorname{Arg}(t-\rho i) = 2\pi - \varphi$. Se fizermos o mesmo procedimento para o complexo $t+1-i\rho$, basta escolher outra variável para o argumento do seu conjugado, assim, $\operatorname{Arg}(t+1+\rho i) = \operatorname{tg}^{-1}\left(\frac{\rho}{t+1}\right) = \beta$, por tanto, $\operatorname{Arg}(t-\rho i) = 2\pi - \beta$. Substituindo,

$$\int_{\lambda_2} F(z)\,dz = \lim_{\substack{R\to\infty \\ \rho\to 0}} \int_R^\rho \frac{(t-i\rho)^n}{t+1-i\rho}\,dt = \lim_{\substack{R\to\infty \\ \rho\to 0}} \int_R^\rho \frac{e^{n\operatorname{Log}(t-i\rho)}}{e^{\operatorname{Log}(t+1-i\rho)}}\,dt = \lim_{\substack{R\to\infty \\ \rho\to 0}} \int_R^\rho \frac{e^{n\left[\ln|t-i\rho|+i(2\pi-\varphi)\right]}}{e^{\ln|t+1-i\rho|+i(2\pi-\beta)}}\,dt = \int_R^\rho \frac{\left|t-i\rho\right|^n e^{in(2\pi-\varphi)}}{\left|t+1-i\rho\right| e^{i(2\pi-\beta)}}\,dt$$

$$\int_{\lambda_2} F(z)\,dz = \lim_{\substack{R\to\infty \\ \rho\to 0}} \int_R^\rho \frac{\left|t+i\rho\right|^n e^{in(2\pi-\varphi)}}{\left|t+1+i\rho\right| e^{2\pi i} e^{-\beta i}}\,dt == \int_R^\rho \frac{\left|t\right|^n e^{in(2\pi)}}{\left|t+1\right|}\,dt = -e^{2n\pi i}\int_\rho^R \frac{\left|t\right|^n}{\left|t+1\right|}\,dt = -e^{2n\pi i}\int_\rho^R \frac{t^n}{t+1}\,dt\;^{23}$$

$$\boxed{\int_{\lambda_2} F(z)\,dz = -e^{2n\pi i}\int_\rho^R \frac{t^n}{t+1}\,dt}$$

---

[22] $|a-b| \ge \left\| a | - | b \right\| \Rightarrow \frac{1}{|a-b|} \le \frac{1}{\left\| a | - | b \right\|}$

[23] O módulo de um número complexo é igual ao módulo de seu conjugado, por isso trocamos o sinal da parte imaginária dentro dos módulos, ainda, como no limite, o comprimento do arco tende à tangente do arco, podemos aproximar o valor do argumento por $2\pi - \rho$.

Vamos agora à curva γ ,

$$\int_{\gamma} F(z)dz = \lim_{\rho \to \infty} \int_{2\pi-c}^{c} \frac{\rho^n e^{i\theta n}}{\rho e^{i\theta+1}} i\rho e^{i\theta} dt = \lim_{\rho \to \infty} \int_{2\pi-c}^{c} \frac{i\rho^{n+1} e^{i\theta(n+1)}}{\rho e^{i\theta+1}} dt = \lim_{\rho \to \infty} \int_{2\pi-c}^{c} i\rho^n e^{in\theta-1} dt = 0 \,^{24}$$

$$\boxed{\int_{\gamma} F(z)dz = 0}$$

Uma vez calculadas todas as integrais, vamos substituí-las na expressão do Teorema dos Resíduos,

$$\int_{\lambda_1} F(z)dz + \int_{\Gamma} F(z)dz + \int_{\lambda_2} F(z)dz + \int_{\gamma} F(z)dz = 2\pi i e^{n\pi i}$$

$$\int_0^{\infty} \frac{t^n}{t+1} dt + 0 - e^{2n\pi i} \int_{\rho}^{R} \frac{t^n}{t+1} dt + 0 = 2\pi i e^{n\pi i}$$

$$\left(1 - e^{2n\pi i}\right) \int_{\rho}^{R} \frac{t^n}{t+1} dt = 2\pi i e^{n\pi i}$$

$$\int_{\rho}^{R} \frac{t^n}{t+1} dt = \frac{2\pi i e^{n\pi i}}{1 - e^{2n\pi i}} = \frac{2\pi i}{\frac{1 - e^{2n\pi i}}{e^{n\pi i}}} = \frac{2\pi i}{\frac{1}{e^{n\pi i}} - e^{n\pi i}} = \frac{2\pi i}{e^{-n\pi i} - e^{n\pi i}} = \frac{-\pi}{\frac{e^{n\pi i} - e^{-n\pi i}}{2i}} = -\pi \operatorname{cossec}(\pi n), \ -1 < n < 0$$

Para $n = -\alpha \Rightarrow -1 < -\alpha < 0 \Rightarrow 0 < \alpha < 1$ e

$$\boxed{\int_0^{\infty} \frac{t^{-\alpha}}{t+1} dt = \pi \operatorname{cossec}(\pi\alpha), \ 0 < \alpha < 1}$$

---

[24] Lembre-se que $n < 0$.

viii) A Esfera de Riemann:

Da mesma maneira que não faz sentido queremos ordenar dois números complexos, não faz sentido falarmos em infinito quando tratamos de números complexos. Esse problema foi resolvido por meio do uso criativo da adjunção de uma esfera ao plano complexo, a esfera de Riemann. A ideia é relacionar cada ponto da esfera com um único ponto do plano, através de uma técnica apropriada de projeção, ficando faltando apenas o ponto vertical superior da esfera, denominado Polo Norte da esfera. As representações dessa esfera variam, algumas são cortadas no equador pelo plano complexo, e outras tangenciam o plano complexo na origem do mesmo, da mesma forma variam também os valores de seu raio. À união do plano complexo com o ponto no infinito, chamamos de **plano complexo estendido** e representamos por $\mathbb{C}_\infty = \mathbb{C} \cup \{\infty\}$

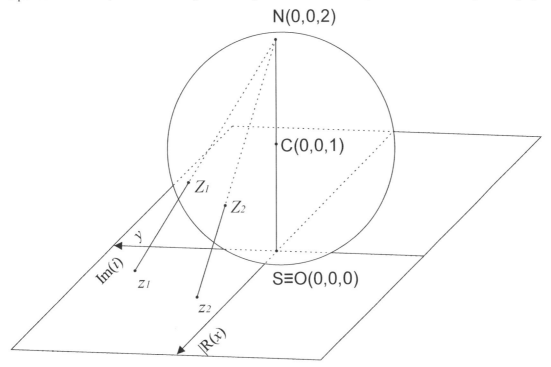

Seja a $S^2 = \{X, Y, Z \in \mathbb{R}^3 \,/\, X^2 + Y^2 + (Z-1)^2 = 1\}$, seja $N(0,0,2)$ o polo Norte dessa esfera e seja também o plano complexo, determinado por $Z = 0$. Para qualquer ponto $P \neq N$ de S^2, existe uma única reta que passa por N e P e intercepta o plano complexo em exatamente um ponto, z. Definimos por **Projeção Estereográfica**, $\varphi(X,Y,Z)$, a relação que associa desse modo cada ponto $P(X,Y,Z)$ de S^2 em um único ponto $z = (x,y) = x + yi$ de $\mathbb{C}$, de acordo com as expressões,

$$\varphi : S^2 \setminus \{N(0,0,1)\} \to \mathbb{C}$$
$$P \mapsto \varphi(P)$$

$$\begin{cases} x = \dfrac{2X}{2-Z} \\ y = \dfrac{2X}{2-Z} \\ X^2 + Y^2 + (Z-1)^2 = 1 \end{cases} \Leftrightarrow \begin{cases} X = \dfrac{4x}{x^2+y^2+4} \\ Y = \dfrac{4y}{x^2+y^2+4} \\ Z = \dfrac{2(x^2+y^2)}{x^2+y^2+4} \end{cases}$$

Em um plano complexo estendido, $\mathbb{C}_\infty = \mathbb{C} \cup \{\infty\}$, a esfera S^2 recebe o nome de **Esfera de Riemann**, ainda, o polo Norte é a representação do ponto no infinito na esfera, apesar de este não possuir representação no plano complexo. Desse modo, para efetuarmos um limite tendendo ao infinito complexo, devemos repassar o problema do plano para a esfera de Riemann, calcular o limite para quando o ponto tende ao polo Norte e em seguida, projetar a solução de volta ao plano complexo.

ix) Resíduos no Infinito:

Seja $F(z)$ uma função meromórfica definida de $\mathbb{C}$ em $\mathbb{C}$, com um número i finito de singularidades, z_i, segundo o Teorema dos Resíduos, podemos definir cada um dos resíduos nos pontos como segue,

$\operatorname{Res}(F(z), z_i) = \dfrac{1}{2\pi i} \displaystyle\int_{\gamma_i^+} F(z)\,dz$, onde γ_i^+ é uma curva de Jordan que circula exclusivamente z_i e possui sentido positivo.

Segundo essa definição e após termos introduzido a esfera de Riemann, sabemos que podemos considerar o infinito como um ponto dessa esfera, o polo Norte, assim, podemos escrever,

$\operatorname{Res}(F(z), \infty) = \dfrac{1}{2\pi i} \displaystyle\int_{\gamma_\infty^+} F(z)\,dz$, onde γ_∞^+ é uma curva de Jordan que circula exclusivamente o polo Norte em sentido positivo, ou seja, todos os outros polos foram deixados de fora.

Da ilustração abaixo,

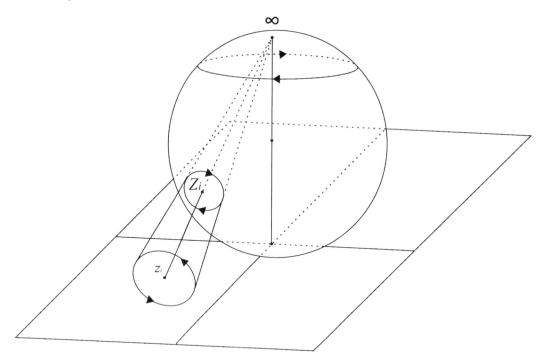

Vemos representado um polo Z_i na esfera de Riemann e sua curva γ_i^+ e também seu correspondente z_i no plano complexo com sua respectiva curva de Jordan em sentido positivo. A primeira vista, no parece, que a curva na esfera tem o sentido contrário, mas devemos interpretá-la sendo vista a partir do centro da esfera, desse ponto de vista, ambas as curvas têm sentido positivo, o que não irá ocorrer ao compararmos a curva que contém o polo Norte, γ_∞^+, na figura e sua pretensa projeção no plano complexo. Vamos denominar essa curva, projeção de γ_∞^+ no plano complexo por Γ_R^-, uma vez que ela possui um raio R e sentido negativo. Vale observar que no plano complexo, Γ_R^- contêm todos os resíduos de $F(z)$, exceto o resíduo no infinito, assim, podemos reescrever,

$$\text{Res}(F(z),\infty) = \frac{1}{2\pi i}\int_{\gamma_\infty^+} F(z)dz = \frac{1}{2\pi i}\int_{\Gamma_R^-} F(z)dz = \frac{-1}{2\pi i}\int_{\Gamma_R^+} F(z)dz = \frac{-1}{2\pi i} 2\pi i \sum \text{Res}(F(z),z_i), \text{ ou seja,}$$

$$\text{Res}(F(z),\infty) = -\sum \text{Res}(F(z),z_i) \Rightarrow \boxed{\text{Res}(F(z),\infty) + \sum \text{Res}(F(z),z_i) = 0}$$

O que equivale a dizer que podemos substituir o cálculo de vários resíduos por apenas um cálculo, o cálculo do resíduo no infinito, é desnecessário dizermos o quanto isso facilita o nosso trabalho em alguns casos.

Vamos agora ver uma maneira de calcularmos efetivamente o resíduo no infinito, observe a representação abaixo em que vemos no plano complexo nossa Γ_R^- com todos os resíduos em seu interior, exceto o resíduo no infinito,

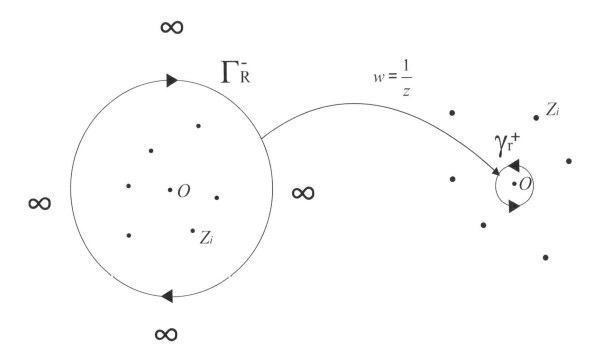

Se aplicarmos a transformação $w = \frac{1}{z}$ em $F(z)$, todos os polos que eram interiores à curva, serão agora exteriores, a curva mudará de orientação, ficando positiva e seu raio, ao invés de R, imensamente grande, se tornará r, imensamente pequeno, envolvendo a origem do sistema O, o que muito nos favorece, uma vez que a origem é a projeção do polo Norte, o ponto "infinito" da esfera de Riemann sobre o plano complexo, ou seja, nossa nova curva γ_r^+ envolve exclusivamente a projeção do polo no infinito, que é o ponto $z = 0$. Assim, seja $w = \frac{1}{z} \Rightarrow z = \frac{1}{w}$, $dz = \frac{-1}{w^2}dw$

$$\operatorname{Res}\big(F(z),\infty\big)=\frac{1}{2\pi i}\int_{\Gamma_R^-}F(z)\,dz=\frac{1}{2\pi i}\int_{\gamma_r^+}F\left(\frac{1}{w}\right)\left(\frac{-1}{w^2}\right)dw$$

$$\operatorname{Res}\big(F(z),\infty\big)=\frac{1}{2\pi i}\int_{\gamma_r^+}\frac{-1}{w^2}F\left(\frac{1}{w}\right)dw=\frac{1}{2\pi i}\int_{\gamma_r^+}\frac{-1}{z^2}F\left(\frac{1}{z}\right)dz \text{ , onde,}$$

$\dfrac{1}{2\pi i}\displaystyle\int_{\gamma_r^+}\dfrac{-1}{z^2}F\left(\dfrac{1}{z}\right)dz=\operatorname{Res}\left(\dfrac{-1}{z^2}F\left(\dfrac{1}{z}\right),0\right)$, uma vez que $z=0$ é o único polo da função $\dfrac{-1}{z^2}F\left(\dfrac{1}{z}\right)$ no interior da curva, assim,

$$\boxed{\operatorname{Res}\big(F(z),\infty\big)=\operatorname{Res}\left(\frac{-1}{z^2}F\left(\frac{1}{z}\right),0\right)=-\operatorname{Res}\left(\frac{1}{z^2}F\left(\frac{1}{z}\right),0\right)}$$

Contorno tipo Osso de Cachorro (Dogbone)

Como curiosidade, ao selecionar contornos diferentes, que podem vir a ser úteis na resolução de integrais, resolvi olhar na Wikipedia sobre o assunto, sem me preocupar com o rigor da teoria ali contida, uma vez que estava interessado apenas em algum exemplo distinto sobre contornos. Felizmente me deparei com essa integral, que além de despertar o meu interesse, o fez também ao proprietário e apresentador da página do YouTube, Qncubed3, que a abordou com propriedade em um vídeo inteiro dedicado a ela.

x) Calcule a integral $\displaystyle\int_0^3\frac{\sqrt[4]{x^3(3-x)}}{5-x}\,dx$ [25]

Solução:

$$\int_0^3\frac{\sqrt[4]{x^3(3-x)}}{5-x}\,dx=\int_0^3\frac{x^{\frac{3}{4}}(3-x)^{\frac{1}{4}}}{5-x}\,dx \text{ ,}$$

Seja $F(z)=\dfrac{z^{\frac{3}{4}}(3-z)^{\frac{1}{4}}}{5-z}$, escrevendo o numerador em forma de potência,

$$z^{\frac{3}{4}}(3-z)^{\frac{1}{4}}=e^{\frac{3}{4}\operatorname{Log}(z)}e^{\frac{1}{4}\operatorname{Log}(3-z)}=e^{\frac{3}{4}\ln|z|+i\frac{3}{4}\operatorname{Arg}(z)}e^{\frac{1}{4}\ln|3-z|+i\frac{1}{4}\operatorname{Arg}(3-z)}=e^{\frac{3}{4}\ln|z|}e^{i\frac{3}{4}\operatorname{Arg}(z)}e^{\frac{1}{4}\ln|3-z|}e^{i\frac{1}{4}\operatorname{Arg}(3-z)}$$

$$z^{\frac{3}{4}}(3-z)^{\frac{1}{4}}=|z|^{\frac{3}{4}}|3-z|^{\frac{1}{4}}e^{\frac{i}{4}\left[3\operatorname{Arg}(z)+\operatorname{Arg}(3-z)\right]}$$

Da expressão acima, percebemos que a função irá ter um ponto de corte para $z=0$ e outro para $z=3$, definindo os nossos argumentos individualmente como se fossem funções distintas, seremos capazes de limitar a região de corte de modo otimizado para que possamos realizar a integração, assim,

---

[25] A integral foi retirada de um exemplo de Dogbone Contour da Wikipedia (abaixo) e comentada no site abaixo.
Qncubed3. "Complex Analysis: Dogbone Contour Example. Assistido em jul 2021.
https://www.youtube.com/watch?v=UDIKojCQ94U&t=13s
Wikipedia. Contour Integration. Assistido em jul 2021.
https://en.wikipedia.org/wiki/Contour_integration

$-\pi \leq \operatorname{Arg}(z) < \pi$, que identifica o ramo de corte como o semieixo não-positivo, $]-\infty, 0]$,

$0 \leq \operatorname{Arg}(3-z) < 2\pi$ que é o mesmo que $0 \leq \operatorname{Arg}\left[-(z-3)\right] < 2\pi$, que terá o ramo de corte $]-\infty, 3]$

Onde o produto dos dois argumentos fará com que a função seja contínua no semieixo negativo dos x, dessa maneira teremos um segmento de corte entre 0 e 3, e para $x < 0$ ou para $x > 3$, a função será contínua. No entanto, é necessário verificar essa afirmação:

Vamos então definir os valores limites do argumento $\frac{1}{4}\left[3\operatorname{Arg}(z) + \operatorname{Arg}(3-z)\right]$ ao aproximar-se do intervalo $]-\infty, 0[$,

por cima:

$\operatorname{Arg}(z) \to \pi$

$\operatorname{Arg}\left[-(z-3)\right] \to 2\pi$

$\frac{1}{4}\left[3\operatorname{Arg}(z) + \operatorname{Arg}(3-z)\right] \to \frac{5\pi}{4}$

e por baixo:

$\operatorname{Arg}(z) \to -\pi$

$\operatorname{Arg}\left[-(z-3)\right] \to 0$

$\frac{1}{4}\left[3\operatorname{Arg}(z) + \operatorname{Arg}(3-z)\right] \to -\frac{3\pi}{4}$

Os argumentos são congruentes no intervalo o que mostra que nossa escolha para os ramos de corte para cada argumento individualmente é coerente e que a função é contínua no intervalo. Vamos agora analisar o intervalo $]0, 3[$,

por cima:

$\operatorname{Arg}(z) \to 0$

$\operatorname{Arg}\left[-(z-3)\right] \to 2\pi$

$\frac{1}{4}\left[3\operatorname{Arg}(z) + \operatorname{Arg}(3-z)\right] \to \frac{\pi}{2}$

e por baixo:

$\operatorname{Arg}(z) \to 0$

$\operatorname{Arg}\left[-(z-3)\right] \to 0$

$\frac{1}{4}\left[3\operatorname{Arg}(z) + \operatorname{Arg}(3-z)\right] \to 0$

Os argumentos não são congruentes, o que confirma nossa suposição de que o intervalo é um ramo de corte. Do mesmo modo é fácil mostrar que a função é contínua em $]3,\infty[$ exceto no ponto $z = 5$.
Resumindo:

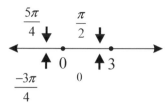

Seja então o contorno abaixo, onde $C = \lambda_1 \cup \gamma_1 \cup \lambda_2 \cup \gamma_2$,

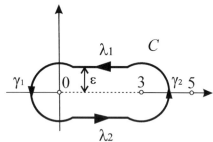

De onde podemos escrever,

$$\int_C F(z)dz = \int_{\lambda_1} F(z)dz + \int_{\lambda_2} F(z)dz + \int_{\gamma_1} F(z)dz + \int_{\gamma_2} F(z)dz \quad (I)$$

Também podemos reconfigurar a nossa curva C, como a seguir,

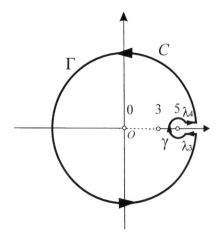

Reescrevendo o Teorema dos Resíduos, temos,

$$\int_C F(z)dz = \int_\Gamma F(z)dz + \int_{\gamma^-} F(z)dz + \int_{\lambda_3} F(z)dz + \int_{\lambda_4} F(z)dz$$

$$\int_C F(z)dz = \int_\Gamma F(z)dz - \int_\gamma F(z)dz - \int_{\lambda_3} F(z)dz + \int_{\lambda_4} F(z)dz$$

Onde, uma vez em que a função é contínua no intervalo $]5,\infty[$,

Teremos $\int_{\lambda_3} F(z)dz = \int_{\lambda_4} F(z)dz$, assim, ficamos com,

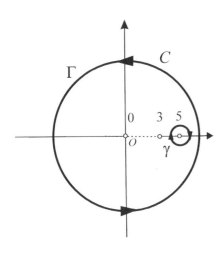

$$\int_C F(z)dz = \int_\Gamma F(z)dz - \int_\gamma F(z)dz - \cancel{\int_\lambda F(z)dz} + \cancel{\int_\lambda F(z)dz}$$

$$\int_C F(z)dz = \int_\Gamma F(z)dz - \int_\gamma F(z)dz \text{, onde vale notarmos que}$$

Se invertermos o sentido de Γ, estaremos calculando o resíduo no infinito, assim,

$$\int_C F(z)dz = -\int_{\Gamma^-} F(z)dz - \int_\gamma F(z)dz$$

$$\int_C F(z)dz = -2\pi i \operatorname{Res}(F(z),\infty) - 2\pi i \operatorname{Res}(F(z), z=5) \text{ (II)}$$

Por tanto, de (I) e (II), temos,

$$\int_{\lambda_1} F(z)dz + \int_{\lambda_2} F(z)dz + \int_{\gamma_1} F(z)dz + \int_{\gamma_2} F(z)dz = -2\pi i \left[\operatorname{Res}(F(z),\infty) + \operatorname{Res}(F(z), z=5) \right]$$

Vamos então determinar os valores das integrais do 1º membro, para isso, vamos às parametrizações:[26]

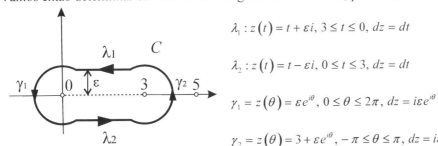

$\lambda_1 : z(t) = t + \varepsilon i,\ 3 \le t \le 0,\ dz = dt$

$\lambda_2 : z(t) = t - \varepsilon i,\ 0 \le t \le 3,\ dz = dt$

$\gamma_1 = z(\theta) = \varepsilon e^{i\theta},\ 0 \le \theta \le 2\pi,\ dz = i\varepsilon e^{i\theta}$

$\gamma_2 = z(\theta) = 3 + \varepsilon e^{i\theta},\ -\pi \le \theta \le \pi,\ dz = i\varepsilon e^{i\theta}$

Temos,

$$\int_{\lambda_1} F(z)dz = -\int_0^3 \frac{(t+i\varepsilon)^{\frac{3}{4}}(3-t-i\varepsilon)^{\frac{1}{4}}}{5-t-i\varepsilon}dt = -\int_0^3 \frac{e^{\frac{3}{4}\operatorname{Log}(t+i\varepsilon)} e^{\frac{1}{4}\operatorname{Log}(3-t-i\varepsilon)}}{5-t-i\varepsilon}dt = -\int_0^3 \frac{e^{\frac{3}{4}\ln|t+i\varepsilon|+i\frac{3}{4}\operatorname{Arg}(t+i\varepsilon)} e^{\frac{1}{4}\ln|3-t-i\varepsilon|+i\frac{1}{4}\operatorname{Arg}(3-t-i\varepsilon)}}{5-t-i\varepsilon}dt$$

$$\int_{\lambda_1} F(z)dz = -\int_0^3 \frac{|t+i\varepsilon|^{\frac{3}{4}}|3-t-i\varepsilon|^{\frac{1}{4}} e^{i\frac{1}{4}[3\operatorname{Arg}(t+i\varepsilon)+\operatorname{Arg}(3-t-i\varepsilon)]}}{5-t-i\varepsilon}dt \text{, assim, para } \varepsilon \to 0 \text{, por cima, no intervalo,}$$

$$\lim_{\varepsilon\to 0}\int_{\lambda_1} F(z)dz = -\lim_{\varepsilon\to 0}\int_0^3 \frac{|t+i\varepsilon|^{\frac{3}{4}}|3-t-i\varepsilon|^{\frac{1}{4}} e^{i\frac{1}{4}[3\operatorname{Arg}(t+i\varepsilon)+\operatorname{Arg}(3-t-i\varepsilon)]}}{5-t-i\varepsilon}dt = \int_0^3 \frac{|t|^{\frac{3}{4}}|3-t|^{\frac{1}{4}} e^{i\frac{\pi}{2}}}{5-t}dt$$

---

[26] Uma vez que o valor de ε será tão pequeno quanto queiramos, podemos fazer tanto o raio do círculo quanto a distância entre as curvas λ iguais a ε.

$$\lim_{\varepsilon \to 0}\int_{\lambda_1} F(z)\,dz = -i\int_0^3 \frac{t^{\frac{3}{4}}(3-t)^{\frac{1}{4}}}{5-t}\,dt = -i\int_0^3 \frac{x^{\frac{3}{4}}(3-x)^{\frac{1}{4}}}{5-x}\,dx$$

$$\int_{\lambda_2} F(z)\,dz = \int_0^3 \frac{(t-i\varepsilon)^{\frac{3}{4}}(3-t+i\varepsilon)^{\frac{1}{4}}}{5-t+i\varepsilon}\,dt = -\int_0^3 \frac{e^{\frac{3}{4}\operatorname{Log}(t+i\varepsilon)}e^{\frac{1}{4}\operatorname{Log}(3-t-i\varepsilon)}}{5-t-i\varepsilon}\,dt = \int_0^3 \frac{e^{\frac{3}{4}\ln|t-i\varepsilon|+i\frac{3}{4}\operatorname{Arg}(t-i\varepsilon)}e^{\frac{1}{4}\ln|3-t+i\varepsilon|+i\frac{1}{4}\operatorname{Arg}(3-t+i\varepsilon)}}{5-t+i\varepsilon}\,dt$$

$$\int_{\lambda_2} F(z)\,dz = \int_0^3 \frac{|t-i\varepsilon|^{\frac{3}{4}}|3-t+i\varepsilon|^{\frac{1}{4}}e^{i\frac{1}{4}\left[3\operatorname{Arg}(t-i\varepsilon)+\operatorname{Arg}(3-t+i\varepsilon)\right]}}{5-t+i\varepsilon}\,dt\text{, assim, para }\varepsilon \to 0\text{, por baixo, no intervalo,}$$

$$\lim_{\varepsilon \to 0}\int_{\lambda_2} F(z)\,dz = -\lim_{\varepsilon \to 0}\int_0^3 \frac{|t+i\varepsilon|^{\frac{3}{4}}|3-t-i\varepsilon|^{\frac{1}{4}}e^{i\frac{1}{4}\left[3\operatorname{Arg}(t+i\varepsilon)+\operatorname{Arg}(3-t-i\varepsilon)\right]}}{5-t-i\varepsilon}\,dt = \int_0^3 \frac{t^{\frac{3}{4}}(3-t)^{\frac{1}{4}}e^{i0}}{5-t}\,dt$$

$$\lim_{\varepsilon \to 0}\int_{\lambda_2} F(z)\,dz = \int_0^3 \frac{t^{\frac{3}{4}}(3-t)^{\frac{1}{4}}}{5-t}\,dt = \int_0^3 \frac{x^{\frac{3}{4}}(3-x)^{\frac{1}{4}}}{5-x}\,dx$$

Vamos agora calcular a integral em torno de γ_1 e mostrar que no limite, esta irá para zero,

$$\int_{\gamma_1} F(z)\,dz = \int_0^{2\pi} \frac{\varepsilon^{\frac{3}{4}}e^{i\frac{3}{4}\theta}(3-\varepsilon e^{i\theta})^{\frac{1}{4}}}{5-\varepsilon e^{i\theta}}i\varepsilon e^{i\theta}\,d\theta$$

$$\left|\int_0^{2\pi} \frac{\varepsilon^{\frac{3}{4}}e^{i\frac{3}{4}\theta}(3-\varepsilon e^{i\theta})^{\frac{1}{4}}}{5-\varepsilon e^{i\theta}}i\varepsilon e^{i\theta}\,d\theta\right| \leq \int_0^{2\pi} \frac{\varepsilon^{\frac{7}{4}}|3-\varepsilon e^{i\theta}|^{\frac{1}{4}}}{|5-\varepsilon e^{i\theta}|}\,d\theta \leq \varepsilon^{\frac{7}{4}}\int_0^{2\pi} \frac{(3-\varepsilon e^{i\theta})^{\frac{1}{4}}}{5-\varepsilon}\,d\theta = \frac{\varepsilon^{\frac{7}{4}}(3-\varepsilon e^{i\theta})^{\frac{1}{4}}}{5-\varepsilon}\int_0^{2\pi} d\theta \quad [27]$$

$$\left|\int_0^{2\pi} \frac{\varepsilon^{\frac{3}{4}}e^{i\frac{3}{4}\theta}(3-\varepsilon e^{i\theta})^{\frac{1}{4}}}{5-\varepsilon e^{i\theta}}i\varepsilon e^{i\theta}\,d\theta\right| \leq 2\pi\frac{\varepsilon^{\frac{7}{4}}(3-\varepsilon e^{i\theta})^{\frac{1}{4}}}{5-\varepsilon}\text{, no limite,}$$

$$\lim_{\varepsilon \to 0} 2\pi\frac{\varepsilon^{\frac{7}{4}}(3-\varepsilon e^{i\theta})^{\frac{1}{4}}}{5-\varepsilon} = 0\text{, por tanto,}$$

---

[27] O denominador do integrando era $\left|5-\varepsilon e^{i\theta}\right|$ que representa a distância entre o ponto $(5,0)$ e a circunferência com centro na origem e raio ε, para minimizarmos o denominador, basta escolher o ponto da circunferência que se encontra sobre o eixo x, assim ficamos a distância igual a $5 - \varepsilon$.

$$\lim_{\varepsilon \to 0} \int_{\gamma_1} F(z)\, dz = 0$$

De modo análogo, vamos calcular a integral sobre γ_2,

$$\int_{\gamma_2} F(z)\, dz = \int_{-\pi}^{\pi} \frac{\left(3+\varepsilon e^{i\theta}\right)^{\frac{3}{4}}\left(-\varepsilon e^{i\theta}\right)^{\frac{1}{4}}}{2-\varepsilon e^{i\theta}} i\varepsilon e^{i\theta}\, d\theta$$

$$\left| \int_{-\pi}^{\pi} \frac{\left(3+\varepsilon e^{i\theta}\right)^{\frac{3}{4}}\left(-\varepsilon e^{i\theta}\right)^{\frac{1}{4}}}{2-\varepsilon e^{i\theta}} i\varepsilon e^{i\theta}\, d\theta \right| \leq \int_{-\pi}^{\pi} \left| \frac{\left(3+\varepsilon e^{i\theta}\right)^{\frac{3}{4}}\left(-\varepsilon e^{i\theta}\right)^{\frac{1}{4}}}{2-\varepsilon e^{i\theta}} i\varepsilon e^{i\theta} \right| d\theta = \int_{-\pi}^{\pi} \frac{\left|3+\varepsilon e^{i\theta}\right|^{\frac{3}{4}} \varepsilon^{\frac{5}{4}}}{\left|2-\varepsilon e^{i\theta}\right|}\, d\theta$$

$$\left| \int_{-\pi}^{\pi} \frac{\left(3+\varepsilon e^{i\theta}\right)^{\frac{3}{4}}\left(-\varepsilon e^{i\theta}\right)^{\frac{1}{4}}}{2-\varepsilon e^{i\theta}} i\varepsilon e^{i\theta}\, d\theta \right| \leq \int_{-\pi}^{\pi} \frac{\left|3+\varepsilon e^{i\theta}\right|^{\frac{3}{4}} \varepsilon^{\frac{5}{4}}}{\left|2-\varepsilon e^{i\theta}\right|}\, d\theta = \int_{-\pi}^{\pi} \frac{\left|3+\varepsilon\right|^{\frac{3}{4}} \varepsilon^{\frac{5}{4}}}{\left|2-\varepsilon\right|}\, d\theta = \frac{\left|3+\varepsilon\right|^{\frac{3}{4}} \varepsilon^{\frac{5}{4}}}{\left|2-\varepsilon\right|} \int_{-\pi}^{\pi} d\theta \quad {}^{28}$$

$$\left| \int_{-\pi}^{\pi} \frac{\left(3+\varepsilon e^{i\theta}\right)^{\frac{3}{4}}\left(-\varepsilon e^{i\theta}\right)^{\frac{1}{4}}}{2-\varepsilon e^{i\theta}} i\varepsilon e^{i\theta}\, d\theta \right| \leq 2\pi \frac{\left|3+\varepsilon\right|^{\frac{3}{4}} \varepsilon^{\frac{5}{4}}}{\left|2-\varepsilon\right|}$$

No limite,

$$\lim_{\varepsilon \to 0} 2\pi \frac{\left|3+\varepsilon\right|^{\frac{3}{4}} \varepsilon^{\frac{5}{4}}}{\left|2-\varepsilon\right|} = 0 \text{ , por tanto,}$$

$$\lim_{\varepsilon \to 0} \int_{\gamma_2} F(z)\, dz = 0$$

Vamos agora aos cálculos dos resíduos,

$$\operatorname{Res}\left[F(z), z=5\right] = \lim_{z \to 5}(z-5)\frac{z^{\frac{3}{4}}(3-z)^{\frac{1}{4}}}{5-z} = -\lim_{z \to 5}(z-5)\frac{z^{\frac{3}{4}}(3-z)^{\frac{1}{4}}}{5-z} = -5^{\frac{3}{4}}(-2)^{\frac{1}{4}} = 5^{\frac{3}{4}}\left(2e^{i\pi}\right)^{\frac{1}{4}} = -5^{\frac{3}{4}}2^{\frac{1}{4}}e^{i\frac{\pi}{4}}$$

$$\operatorname{Res}\left[F(z), z=5\right] = -5^{\frac{3}{4}}2^{\frac{1}{4}}e^{i\frac{\pi}{4}}$$

$$\operatorname{Res}\left[F(z), \infty\right] = -\operatorname{Res}\left[\frac{1}{z^2}F\left(\frac{1}{z}\right), z=0\right]$$

---

[28] Novamente foi maximizado o numerador e menorizado o denominador.

$$G(z) = \frac{-1}{z^2} \frac{\left(\frac{1}{z}\right)^{\frac{3}{4}} \left(3 - \frac{1}{z}\right)^{\frac{1}{4}}}{5 - \frac{1}{z}} = \frac{1}{z^2} \frac{\frac{1}{z^{\frac{3}{4}}} \frac{(3z-1)^{\frac{1}{4}}}{z^{\frac{1}{4}}}}{\frac{1}{z} - 5} = \frac{1}{z^2} \frac{(3z-1)^{\frac{1}{4}}}{1 - 5z}$$

Como vimos, o resíduo da função acima no polo $z = 0$, é o coeficiente b_1 do termo $\frac{1}{z}$, na sua expansão em série de Lambert. Assim, vamos tentar reescrever a função como um produto de séries de potências para encontrarmos b_1.

$$G(z) = \frac{1}{z^2} \frac{(3z-1)^{\frac{1}{4}}}{1 - 5z}$$

$$\frac{1}{1 - 5z} = 1 + 5z + 5^2 z^2 + \dots = \sum_{k=0}^{\infty} 5^k z^k$$

$$(3z-1)^{\frac{1}{4}} = \sum_{j=0}^{\infty} \binom{\frac{1}{4}}{j} (3z)^j (-1)^{\frac{1}{4}-j} = \sum_{j=0}^{\infty} \binom{\frac{1}{4}}{j} 3^j z^j (-1)^{\frac{1}{4}} (-1)^j = \sum_{j=0}^{\infty} \binom{\frac{1}{4}}{j} 3^j z^j \left(e^{i\pi}\right)^{\frac{1}{4}} (-1)^j$$

$$(3z-1)^{\frac{1}{4}} = e^{i\frac{\pi}{4}} \sum_{j=0}^{\infty} \binom{\frac{1}{4}}{j} (-1)^j 3^j z^j , \text{ reescrevendo } G,$$

$$G(z) = \frac{1}{z^2} e^{i\frac{\pi}{4}} \left[\sum_{j=0}^{\infty} \binom{\frac{1}{4}}{j} (-1)^j 3^j z^j \right] \left[\sum_{k=0}^{\infty} 5^k z^k \right] , \text{ do produto, queremos encontrar o coeficiente de } \frac{1}{z}, \text{ que}$$

iremos ter ou para,

$j = 0$ e $k = 1$

$$\binom{\frac{1}{4}}{0} (-1)^0 3^0 z^0 5^1 z^1 = 5z$$

ou

$j = 1$ e $k = 0$

$$\binom{\frac{1}{4}}{1} (-1)^1 3^1 z^1 5^0 z^0 = -\frac{3}{4} z$$

O coeficiente do termo em z do produto será então a soma dos dois, $5z - \frac{3}{4}z = \frac{17}{4}z$,

$$G(z) = \frac{1}{z^2} e^{i\frac{\pi}{4}} \left(\ldots + \frac{17}{4} z + \ldots \right) = \left(\ldots + \frac{17}{4} e^{i\frac{\pi}{4}} \frac{1}{z} + \ldots \right), \text{ por tanto,}$$

$$\boxed{\operatorname{Res}\left[F(z), \infty\right] = -\operatorname{Res}\left[\frac{1}{z^2} F\left(\frac{1}{z}\right), z = 0\right] = \operatorname{Res}\left[G(z), z = 0\right] = \frac{17}{4} e^{i\frac{\pi}{4}}}$$

Do que vimos anteriormente, ficamos com,

$$\int_{\lambda_1} F(z)\,dz + \int_{\lambda_2} F(z)\,dz + \int_{r_1} F(z)\,dz + \int_{r_2} F(z)\,dz = -2\pi i \left[\operatorname{Res}\left(F(z), \infty\right) + \operatorname{Res}\left(F(z), z = 5\right)\right]$$

No limite, quando $\varepsilon \to 0$,

$$-i\int_0^3 \frac{x^{\frac{3}{4}}(3-x)^{\frac{1}{4}}}{5-x}\,dx + \int_0^3 \frac{x^{\frac{3}{4}}(3-x)^{\frac{1}{4}}}{5-x}\,dx = -2\pi i \left(\frac{17}{4} e^{i\frac{\pi}{4}} - 5^{\frac{3}{4}} 2^{\frac{1}{4}} e^{i\frac{\pi}{4}} \right)$$

$$(1-i)\int_0^3 \frac{x^{\frac{3}{4}}(3-x)^{\frac{1}{4}}}{5-x}\,dx = -2\pi i \left(\frac{17}{4} e^{i\frac{\pi}{4}} - 5^{\frac{3}{4}} 2^{\frac{1}{4}} e^{i\frac{\pi}{4}} \right)$$

$$\sqrt{2} e^{-i\frac{\pi}{4}} \int_0^3 \frac{x^{\frac{3}{4}}(3-x)^{\frac{1}{4}}}{5-x}\,dx = -2\pi i e^{i\frac{\pi}{4}} \left(\frac{17}{4} - 5^{\frac{3}{4}} 2^{\frac{1}{4}} \right)$$

$$\int_0^3 \frac{x^{\frac{3}{4}}(3-x)^{\frac{1}{4}}}{5-x}\,dx = \sqrt{2}\pi \left(\frac{17}{4} - 5^{\frac{3}{4}} 2^{\frac{1}{4}} \right) = \frac{\sqrt{2}\pi}{4} \left(17 - 5^{\frac{3}{4}} 2^{\frac{9}{4}} \right)$$

$$\int_0^3 \frac{x^{\frac{3}{4}}(3-x)^{\frac{1}{4}}}{5-x}\,dx = \frac{\sqrt{2}\pi}{4} \left(17 - 40^{\frac{3}{4}} \right)$$

4) Teorema da Função Inversa de Lagrange

Existe um teorema descoberto e provado por Lagrange e depois generalizado por Henrick Bürmann que nos permite expressar a expansão polinomial de uma função conhecida a sua inversa.

Teorema da Inversão de Lagrange-Bürmann – "Seja $z = f(w)$ uma função analítica em a, tal que $f'(a) \neq 0$, então,

$$w = g(z) = a + \sum_{n=1}^{\infty} g_n \frac{(z - f(a))^n}{n!}, \; onde \; g_n = \lim_{w \to a} \left[\frac{d^{n-1}}{dw^{n-1}} \left(\frac{w - a}{f(w) - f(a)} \right)^n \right]$$

a) Encontre a expansão polinomial da função W de Lambert.

Solução:

Seja a função $f(w) = we^w$ a função inversa da função $W(z)$, observe que f é analítica em todo o plano complexo, ainda, para $a = 0$, teremos,

$f'(w) = e^w + we^w \Rightarrow f'(0) = 1 \neq 0$, assim, do teorema da Inversão,

$$g_n = \lim_{w \to a} \left[\frac{d^{n-1}}{dw^{n-1}} \left(\frac{w - a}{f(w) - f(a)} \right)^n \right] = \lim_{w \to 0} \left[\frac{d^{n-1}}{dw^{n-1}} \left(\frac{\not{w}}{\not{w}e^w} \right)^n \right], \; onde, \; \frac{d^{n-1}}{dw^{n-1}} \left(\frac{1}{e^w} \right)^n = \frac{d^{n-1}}{dw^{n-1}} e^{-nw}$$

Assim temos,

$$\frac{d}{dw} e^{-nw} = -n e^{-nw}$$

$$\frac{d^2}{dw^2} e^{-nw} = +n^2 e^{-nw}$$

. . .

$$\frac{d^{n-1}}{dw^{n-1}} \left(\frac{1}{e^w} \right)^n = (-n)^{n-1} e^{-nw}, \text{ no limite,}$$

$$g_n = \lim_{w \to 0} \left[\frac{d^{n-1}}{dw^{n-1}} e^{nw} \right] = \lim_{w \to 0} (-n)^{n-1} e^{-nw} = (-n)^{n-1}$$

Finalmente,

$$W(z) = \sum_{n=1}^{\infty} (-1)^{n-1} n^{n-1} \frac{z^n}{n!} = z - z^2 + \frac{3}{2} z^3 - \frac{8}{3} z^4 + \frac{125}{24} z^5 - \dots$$

b) a) Seja $f:U \to \mathbb{C}$ uma função analítica e invertível, seja ainda um ponto P de U e $D(P,\varepsilon)$ um disco suficientemente pequeno em torno de P, mostre que

$$f^{-1}(w) = \frac{1}{2\pi i} \int_{D(P,\varepsilon)} \frac{s\,f'(s)}{f(s)-w}\,ds$$

b) Mostre que $f^{-1}(w)$ é o resíduo da função $\dfrac{s\,f'(s)}{f(s)-w}$ em $s = f^{-1}(w)$.

Solução:

a) Do teorema de Cauchy, temos,

$$f^{-1}(w) = \frac{1}{2\pi i} \int_{D(P,\varepsilon)} \frac{f^{-1}(u)}{u-w}\,du$$

No disco D seja $u = f(z)$, por tanto, $du = f'(z)\,dz$, assim,

$$f^{-1}(w) = \frac{1}{2\pi i} \int_{D(P,\varepsilon)} \frac{f^{-1}(u)}{u-w}\,du = \frac{1}{2\pi i} \int_{D(P,\varepsilon)} \frac{f^{-1}(f(z))}{f(z)-w}\,f'(z)\,dz$$

$$f^{-1}(w) = \frac{1}{2\pi i} \int_{D(P,\varepsilon)} \frac{f'(z)z}{f(z)-w}\,dz$$

$$f^{-1}(w) = \frac{1}{2\pi i} \int_{D(P,\varepsilon)} \frac{f'(s)s}{f(s)-w}\,ds$$

$\square$

b) Como $f'(w) \neq 0$ no disco D,

$$\mathrm{Res}\!\left(f^{-1}(w), \frac{s\,f'(s)}{f(s)-w}\right) = \lim_{s \to f^{-1}(w)} \left(s - f^{-1}(w)\right)\frac{s\,f'(s)}{f(s)-w} = \lim_{s \to f^{-1}(w)} \frac{s\,f'(s)}{\dfrac{f(s)-w}{s-f^{-1}(w)}} = \frac{f^{-1}(w)\,\cancel{f'(f^{-1}(w))}}{\cancel{f'(f^{-1}(w))}}$$

$$\mathrm{Res}\!\left(f^{-1}(w), \frac{s\,f'(s)}{f(s)-w}\right) = f^{-1}(w)$$

5) Integrais de Bernoulli: $\int_0^1 x^x dx$ e $\int_0^1 x^{-x} dx$ [29]

Em 1687, Johan Bernoulli[30] publicou a resolução de uma integral definida, cuja primitiva é não trivial, $\int_0^1 x^x dx$ e encontrou, como veremos abaixo, como resultado uma série surpreendente de convergência muito rápida. Não se sabe ainda hoje, se o resultado dessa série é um número racional, irracional ou irracional transcendente.

Solução:

$$\int_0^1 x^x dx = \int_0^1 e^{\ln x^x} dx = \int_0^1 e^{x \ln x} dx$$

Lembrando que $e^x = \sum_{n=0}^{\infty} \frac{x^n}{n!}$, segue,

$$\int_0^1 x^x dx = \int_0^1 e^{x \ln x} dx = \int_0^1 \sum_{n=0}^{\infty} \frac{(x \ln x)^n}{n!} dx$$

Pelo Teorema da Convergência Monótona de Lebesgue,

$$\int_0^1 x^x dx = \int_0^1 \sum_{n=0}^{\infty} \frac{(x \ln x)^n}{n!} dx = \sum_{n=0}^{\infty} \int_0^1 \frac{(x \ln x)^n}{n!} dx = \sum_{n=0}^{\infty} \frac{1}{n!} \int_0^1 (x \ln x)^n dx$$

Seja $t = -\ln x \Rightarrow x = e^{-t}$, $dt = \frac{-1}{x} dx \Rightarrow dx = -x \, dt$, por tanto, $\begin{cases} x = 1 \to t = 0 \\ x = 0 \to t = \infty \end{cases}$

$$\int_0^1 x^x dx = \sum_{n=0}^{\infty} \frac{1}{n!} \int_0^1 (x \ln x)^n dx = \sum_{n=0}^{\infty} \frac{1}{n!} \int_0^1 x^n \ln^n x \, dx = \sum_{n=0}^{\infty} \frac{1}{n!} \int_{\infty}^0 \left(e^{-t}\right)^n (-t)^n \underbrace{(-e^{-t})}_{x} dt$$

$$\int_0^1 x^x dx = \sum_{n=0}^{\infty} \frac{(-1)^n}{n!} \int_0^{\infty} e^{-(n+1)t} t^n \, dt$$

Seja $s = (n+1)t \Rightarrow t = \frac{s}{n+1}$, $ds = (n+1)dt \Rightarrow dt = \frac{1}{n+1} ds$,

$$\int_0^1 x^x dx = \sum_{n=0}^{\infty} \frac{(-1)^n}{n!} \int_0^{\infty} e^{-s} \left(\frac{s}{n+1}\right)^n \frac{1}{n+1} ds = \sum_{n=0}^{\infty} \frac{(-1)^n}{n!(n+1)^{n+1}} \int_0^{\infty} e^{-s} s^n ds$$

$$\int_0^1 x^x dx = \sum_{n=0}^{\infty} \frac{(-1)^n}{n!} \int_0^{\infty} e^{-s} \left(\frac{s}{n+1}\right)^n \frac{1}{n+1} ds = \sum_{n=0}^{\infty} \frac{(-1)^n}{n!(n+1)^{n+1}} \underbrace{\int_0^{\infty} e^{-s} s^{(n+1)-1} ds}_{\Gamma(n+1)}$$

---

[29] Dr Peyam. "Integral x^x from 0 to 1". (https://www.youtube.com/watch?v=A54_QPXdkU0)
[30] Paganerius. "El sueño de Sofomoro / Sophomore's dream." (https://www.youtube.com/watch?v=HqOU3FUYgSQ&t=164s)

$$\int_0^1 x^x dx = \sum_{n=0}^{\infty} \frac{(-1)^n}{n!(n+1)^{n+1}} \Gamma(n+1) = \sum_{n=0}^{\infty} \frac{(-1)^n}{\not n!(n+1)^{n+1}} (\not n!) = \sum_{n=0}^{\infty} \frac{(-1)^n}{(n+1)^{n+1}}$$

$$\int_0^1 x^x dx = \sum_{n=0}^{\infty} \frac{(-1)^n}{(n+1)^{n+1}} = \frac{1}{1^1} - \frac{1}{2^2} + \frac{1}{3^3} - \frac{1}{4^4} + \ldots$$

$$\boxed{\int_0^1 x^x dx = \frac{1}{1^1} - \frac{1}{2^2} + \frac{1}{3^3} - \frac{1}{4^4} + \ldots = \sum_{n=1}^{\infty} \frac{(-1)^{n-1}}{n^n}}$$

Vale observar da resolução a acima que,

$$\int_0^1 x^x dx = \sum_{n=0}^{\infty} \frac{1}{n!} \left[\int_0^1 x^n \ln^n x \, dx \right] = \sum_{n=0}^{\infty} \frac{1}{n!} \left[\frac{(-1)^n}{(n+1)^{n+1}} \Gamma(n+1) \right],$$

Ou seja, $\int_0^1 x^n \ln^n x \, dx = \dfrac{(-1)^n}{(n+1)^{n+1}} \Gamma(n+1)$ (I)

assim,

$$\int_0^1 x^{-x} dx = \int_0^1 e^{-\ln x^x} dx = \int_0^1 e^{-x \ln x} dx$$

$$\int_0^1 x^{-x} dx = \int_0^1 \sum_{n=0}^{\infty} \frac{(-x \ln x)^n}{n!} dx$$

$$\int_0^1 x^{-x} dx = \int_0^1 \sum_{n=0}^{\infty} \frac{(-x \ln x)^n}{n!} dx = \sum_{n=0}^{\infty} \int_0^1 \frac{(-x \ln x)^n}{n!} dx = \sum_{n=0}^{\infty} \frac{1}{n!} \int_0^1 (-x \ln x)^n \, dx$$

$$\int_0^1 x^{-x} dx = \sum_{n=0}^{\infty} \frac{1}{n!} \int_0^1 (-x \ln x)^n \, dx = \sum_{n=0}^{\infty} \frac{(-1)^n}{n!} \int_0^1 x^n \ln^n x \, dx \text{ , de (I),}$$

$$\int_0^1 x^{-x} dx = \sum_{n=0}^{\infty} \frac{\cancel{(-1)^n}}{\cancel{n!}} \frac{\cancel{(-1)^n}}{(n+1)^{n+1}} \cancel{\Gamma(n+1)} = \sum_{n=0}^{\infty} \frac{1}{(n+1)^{n+1}}$$

$$\boxed{\int_0^1 x^{-x} dx = \frac{1}{1^1} + \frac{1}{2^2} + \frac{1}{3^3} + \frac{1}{4^4} + \ldots = \sum_{n=1}^{\infty} \frac{1}{n^n}[31]}$$

---

[31] Max R. P. Grossmann. " Calculating Sophomore's dream". (https://max.pm/posts/sophomores_dream/)

a) Mostre que $\int_0^1 \left(x^x\right)^{\left(x^x\right)^{\left(x^x\right)^{\cdots}}} dx = 1 - \dfrac{1}{2^2} + \dfrac{1}{3^2} - \dfrac{1}{4^2} + \ldots = \dfrac{\pi^2}{12}$

Solução:
Primeiro, vamos tentar reescrever o integrando de forma mais concisa.

$$y = \left(x^x\right)^{\left(x^x\right)^{\left(x^x\right)^{\cdots}}}$$

Uma vez que as potências se estendem indefinidamente, podemos escrever,

$$y = \left(x^x\right)^y$$
$$\ln y = \ln\left(x^x\right)^y$$
$$\ln y = y \ln x^x$$

$\ln y = e^{\ln y} \ln x^x$, nossa ideia aqui, é fazermos aparecer a função W de Lambert,

$$\ln y \, e^{-\ln y} = \ln x^x$$
$$-\ln y \, e^{-\ln y} = -\ln x^x$$
$$W\left(-\ln y \, e^{-\ln y}\right) = W\left(-\ln x^x\right)$$

$\ln y = -W\left(-\ln x^x\right) \Rightarrow y = e^{-W\left(-\ln x^x\right)}$, mas $W(\square) e^{W(\square)} = \square \Rightarrow \dfrac{W(\square)}{\square} = \dfrac{1}{e^{W(\square)}} \Rightarrow e^{-W(\square)} = \dfrac{W(\square)}{\square}$, assim,

$$y = e^{-W\left(-\ln x^x\right)} = \frac{W\left(-\ln\left(x^x\right)\right)}{-\ln\left(x^x\right)} \text{, substituindo na integral,}$$

$$\int_0^1 \left(x^x\right)^{\left(x^x\right)^{\left(x^x\right)^{\cdots}}} dx = \int_0^1 \frac{W\left(-\ln\left(x^x\right)\right)}{-\ln\left(x^x\right)} dx \text{, expandindo a função de Lambert em série de potência}[32],$$

$$\int_0^1 \left(x^x\right)^{\left(x^x\right)^{\left(x^x\right)^{\cdots}}} dx = \int_0^1 \frac{W\left(-\ln\left(x^x\right)\right)}{-\ln\left(x^x\right)} dx = \int_0^1 \sum_{n=1}^\infty \frac{(-1)^{n-1} n^{n-1} (-x \ln x)^n}{-x \ln x} dx$$

$$\int_0^1 \left(x^x\right)^{\left(x^x\right)^{\left(x^x\right)^{\cdots}}} dx = \int_0^1 \sum_{n=1}^\infty \frac{(-1)^{n-1} n^{n-1} (-1)^n x^n (\ln x)^n}{n!\,(-1) x \ln x} dx = \int_0^1 \sum_{n=1}^\infty \frac{(-1)^{n-1} n^{n-1} (-1)^{n-1} x^{n-1} (\ln x)^{n-1}}{n!} dx$$

$$\int_0^1 \left(x^x\right)^{\left(x^x\right)^{\left(x^x\right)^{\cdots}}} dx = \int_0^1 \sum_{n=1}^\infty \frac{n^{n-1} x^{n-1} (\ln x)^{n-1}}{n!} dx \text{, pelo Teorema da Convergência Dominada,}$$

---

[32] Como vimos, $W(z) = \sum_{n=1}^\infty (-1)^{n-1} n^{n-1} \dfrac{z^n}{n!} = z - z^2 + \dfrac{3}{2} z^3 - \dfrac{8}{3} z^4 + \dfrac{125}{24} z^5 - \ldots$

$$\int_0^1 \left(x^x\right)^{\left(x^x\right)^{\left(x^x\right)^{\cdots}}} dx = \sum_{n=1}^{\infty} \int_0^1 \frac{n^{n-1} x^{n-1} \left(\ln x\right)^{n-1}}{n!} dx = \sum_{n=1}^{\infty} \frac{n^{n-1}}{n!} \int_0^1 x^{n-1} \left(\ln x\right)^{n-1} dx$$

De onde a integral $\int_0^1 x^{n-1} \left(\ln x\right)^{n-1} dx$ é conhecida, uma vez que $\int_0^1 \left(x \ln x\right)^n dx = -\left(\frac{-1}{n+1}\right)^{n+1} \Gamma\left(n+1\right)$,

Assim,

$$\int_0^1 \left(x^x\right)^{\left(x^x\right)^{\left(x^x\right)^{\cdots}}} dx = \sum_{n=1}^{\infty} \frac{n^{n-1}}{n!} \int_0^1 x^{n-1} \left(\ln x\right)^{n-1} dx = \sum_{n=1}^{\infty} \frac{n^{n-1}}{n!} \left[-\left(\frac{-1}{n}\right)^n \Gamma\left(n\right)\right]$$

$$\int_0^1 \left(x^x\right)^{\left(x^x\right)^{\left(x^x\right)^{\cdots}}} dx = \sum_{n=1}^{\infty} \left(-1\right)^{n+1} \frac{n^{n-1}}{n} \left(\frac{1}{n^n}\right) = \sum_{n=1}^{\infty} \left(-1\right)^{n+1} \frac{1}{n} \frac{1}{n}$$

$$\int_0^1 \left(x^x\right)^{\left(x^x\right)^{\left(x^x\right)^{\cdots}}} dx = \sum_{n=1}^{\infty} \left(-1\right)^{n+1} \frac{1}{n^2} = 1 - \frac{1}{2^2} + \frac{1}{3^2} - \frac{1}{4^2} + \ldots$$

Onde a série acima é conhecida como função Eta, $\eta\left(s\right)$, de Dirichlet:

$\eta\left(2\right) = 1 - \frac{1}{2^2} + \frac{1}{3^2} - \frac{1}{4^2} + \ldots$ e se relaciona com a função Zeta de Riemann como segue:

$\eta\left(s\right) = \left(1 - 2^{1-s}\right) \zeta\left(s\right)$, por tanto,

$\eta\left(2\right) = \left(1 - 2^{1-2}\right) \zeta\left(2\right) = \frac{1}{2} \zeta\left(2\right)$, onde como sabemos,

$\zeta\left(2\right) = 1 + \frac{1}{2^2} + \frac{1}{3^2} + \frac{1}{4^2} + \ldots = \frac{\pi^2}{6}$,

Finalmente,

$$\int_0^1 \left(x^x\right)^{\left(x^x\right)^{\left(x^x\right)^{\cdots}}} dx = \frac{1}{2} \zeta\left(2\right) = 1 - \frac{1}{2^2} + \frac{1}{3^2} - \frac{1}{4^2} + \ldots = \frac{\pi^2}{12}$$

6) Soma de Séries Infinitas utilizando o Teorema dos Resíduos

A ideia aqui é encontrarmos uma maneira de utilizarmos o Teorema dos Resíduos para encontrarmos o valor de uma série infinita, ou seja, dada uma sequência de termo geral racional, vamos procurar encontrar uma função que possua resíduos em cada inteiro diferente de zero, de forma que de modo geral possamos escrever:

$$\sum_{k=1}^{\infty} \frac{1}{p(k)} = \sum_{k=1}^{\infty} \operatorname{Res}\left(F(z), z_k\right) = \frac{1}{2\pi i} \int_{\Gamma} F(z)\, dz$$

Vamos utilizar como motivação o problema de Basiléia, já discutido por nós e resolvido em detalhes no apêndice. Ou seja, queremos encontrar o valor da série: $\sum_{k=1}^{\infty} \frac{1}{k^2}$. Para isso vamos estabelecer que $\frac{1}{k^2}$ é o valor de resíduo para cada inteiro $k \in \mathbb{Z}^*$ e Γ será nosso contorno retangular, de modo que quando as distâncias entre suas paredes laterais tender ao infinito teremos,

$$\sum_{k=1}^{\infty} \frac{1}{k^2} \leftrightarrow \sum \operatorname{Res}\left(F(z), z_k\right) = \frac{1}{2\pi i} \int_{\Gamma} F(z)\, dz$$

O ideal seria encontrarmos uma função não-trivial que produza para cada $\mathbb{Z}^*$ um resíduo constante, uma boa candidata é a função cotangente, observe:

$f(z) = \operatorname{cotg}(\pi z) = \dfrac{\cos(\pi z)}{\operatorname{sen}(\pi z)}$, a função possui infinitos polos simples, um para cada valor inteiro $k \in \mathbb{Z}$,

assim,

$$\operatorname{Res}\left(\operatorname{cotg}(\pi z), z = k\right) = \lim_{z \to k}(z-k)\frac{\cos(\pi z)}{\operatorname{sen}(\pi z)} = \lim_{z \to k}\frac{1}{\pi}\frac{\cos(\pi z)}{\left[\dfrac{\operatorname{sen}(\pi z) - \operatorname{sen}(\pi k)}{\pi z - \pi k}\right]} = \frac{1}{\pi}$$, então,

$$\operatorname{Res}\left(\pi \operatorname{cotg}(\pi z), z = k\right) = \pi . \frac{1}{\pi} = 1$$

Vamos calcular o resíduo da função $F(z) = \pi \operatorname{cotg}(\pi z) . \dfrac{1}{z^2}$ para $k \neq 0$

$$\operatorname{Res}\left(\pi \operatorname{cotg}(\pi z) . \frac{1}{z^2}, z = k\right) = \pi \underbrace{\lim_{z \to k}(z-k)\frac{\cos(\pi z)}{\operatorname{sen}(\pi z)}}_{\frac{1}{\pi}} . \frac{1}{z^2} = \frac{1}{k^2}, \ k \in \mathbb{Z}^*$$

Pelo Teorema dos Resíduos podemos então escrever,

$$\sum_{k=1}^{\infty} \frac{1}{k^2} \leftrightarrow \sum \mathrm{Res}\left(\pi \cot g\left(\pi z\right).\frac{1}{z^2}, z=k\right) = \frac{1}{2\pi i}\int_{\Gamma} \pi \cot g\left(\pi z\right).\frac{1}{z}dz \ ,$$

para quando as distâncias entre as paredes laterais de Γ vão para o infinito.

Vamos agora reescrever o que vimos acima com um pouco mais de rigor[33],

$$\lim_{n\to\infty}\int_{\Gamma_n} F\left(z\right)dz = \lim_{n\to\infty} 2\pi i \sum_{k=-n}^{n} \mathrm{Res}\left(F\left(z\right), z=k\right), \ n\in\mathbb{N}$$

$$\lim_{n\to\infty}\int_{\Gamma_n} F\left(z\right)dz = 2\pi i \sum_{k\in\mathbb{Z}} \mathrm{Res}\left(F\left(z\right), z=k\right)$$

$$\lim_{n\to\infty}\int_{\Gamma_n} F\left(z\right)dz = 2\pi i\left[\sum_{k\in\mathbb{Z}^*} \mathrm{Res}\left(F\left(z\right), z=k\right) + \mathrm{Res}\left(F\left(z\right), z=0\right)\right]$$

$$\lim_{n\to\infty}\int_{\Gamma_n} F\left(z\right)dz = 2\pi i\left[\sum_{k\in\mathbb{Z}^*} \frac{1}{k^2} + \mathrm{Res}\left(F\left(z\right), z=0\right)\right]$$

$$\lim_{n\to\infty}\int_{\Gamma_n} F\left(z\right)dz = 2\pi i\left[\sum_{k\in\mathbb{Z}-} \frac{1}{k^2} + \sum_{k\in\mathbb{Z}+} \frac{1}{k^2} + \mathrm{Res}\left(F\left(z\right), z=0\right)\right]$$

$$\lim_{n\to\infty}\int_{\Gamma_n} F\left(z\right)dz = 2\pi i\left[2\sum_{k\in\mathbb{Z}+} \frac{1}{k^2} + \mathrm{Res}\left(F\left(z\right), z=0\right)\right]$$

$$\sum_{k\in\mathbb{Z}+} \frac{1}{k^2} = \frac{1}{4\pi i}\left(\lim_{n\to\infty}\int_{\Gamma_n} F\left(z\right)dz\right) - \frac{1}{2}\mathrm{Res}\left(F\left(z\right), z=0\right)$$

Vamos então calcular o valor do resíduo da função para $z=0$,

$$\mathrm{Res}\left(F\left(z\right), z=0\right)$$

$$\mathrm{Res}\left(\pi \cot g\left(\pi z\right).\frac{1}{z^2}, z=0\right) = \mathrm{Res}\left(\pi \frac{\cos\left(\pi z\right)}{\mathrm{sen}\left(\pi z\right)}.\frac{1}{z^2}, z=0\right)$$, observe que o resíduo em $z=0$, não é um polo

simples, na verdade ele é um polo de ordem 3. Por tanto, devemos usar a expressão abaixo para calculá-lo,

---

[33] Adotamos $n+\dfrac{1}{2}$ como medida de metade do lado do retângulo pois como veremos adiante, o $\cos\left(n+\dfrac{1}{2}\right)\pi$ irá se

anular para qualquer valor de n inteiro.

$$\text{Res}\left(F(z), z=0\right) = \lim_{z \to 0} \frac{1}{2!} \frac{d^2}{dz^2} F(z)(z-0)^3 = \lim_{z \to 0} \frac{1}{2} \frac{d^2}{dz^2} \frac{z^3}{z^2} \left[\frac{1}{z} - \frac{\pi^2 z}{3} - \frac{\pi^4 z^3}{45} - \frac{2\pi^6 z^5}{945} + \dots \right]$$

$$\text{Res}\left(F(z), z=0\right) = \lim_{z \to 0} \frac{1}{2} \frac{d^2}{dz^2} \left[1 - \frac{\pi^2 z^2}{3} - \frac{\pi^4 z^4}{45} - \frac{2\pi^6 z^6}{945} + \dots \right]$$

$$\text{Res}\left(F(z), z=0\right) = \lim_{z \to 0} \frac{1}{2} \left[-\frac{2\pi^2}{3} - \frac{12\pi^4 z^2}{45} - \frac{60\pi^6 z^4}{945} + \dots \right]$$

$$\text{Res}\left(F(z), z=0\right) = -\frac{\pi^2}{3}$$

Vamos agora calcular o valor da integral sobre Γ_n :

Parametrizando a curva Γn :

$$\left. \begin{aligned} &\gamma_1 : z(t) = \left(n + \frac{1}{2} \right)(1 + it), \ -1 \le t \le 1 \\ &\gamma_2 : z(t) = -\left(n + \frac{1}{2} \right)(t - i), \ -1 \le t \le 1 \\ &\gamma_3 : z(t) = -\left(n + \frac{1}{2} \right)(1 + it), \ -1 \le t \le 1 \\ &\gamma_4 : z(t) = \left(n + \frac{1}{2} \right)(t - i), \ -1 \le t \le 1 \end{aligned} \right\} \Rightarrow \begin{cases} \gamma_{1,3} : z(t) = \pm \left(n + \frac{1}{2} \right)(1 + it), \ -1 \le t \le 1, \ dz = \pm \left(n + \frac{1}{2} \right) i \, dt \\[2mm] \gamma_{2,4} : z(t) = \pm \left(n + \frac{1}{2} \right)(t - i), \ -1 \le t \le 1, \ dz = \pm \left(n + \frac{1}{2} \right) dt \end{cases}$$

Vamos agora calcular as integrais sobre Γn :

$$\int_{\gamma_{1,3}} \frac{\pi \cot g(\pi z)}{z^2} \, dz$$

112

$$\left| \int_{\gamma_{1,3}} \frac{\pi \cot g\left(\pi z\right)}{z^2} dz \right| = \left| \int_{-1}^{1} \frac{\pi \cot g\left[\pm\pi\left(n+\frac{1}{2}\right)\left(1+it\right)\right]}{z^2} \left(\pm\left(n+\frac{1}{2}\right)i\right) dt \right| \leq \pi\left(n+\frac{1}{2}\right)\int_{-1}^{1} \left| \frac{\pm \cot g\left[\pi\left(n+\frac{1}{2}\right)\left(1+it\right)\right]}{z^2} \right| dt$$

$$\left| \int_{\gamma_{1,3}} \frac{\pi \cot g\left(\pi z\right)}{z^2} dz \right| \leq \pi\left(n+\frac{1}{2}\right)\int_{-1}^{1} \frac{\left|\cot g\left[\pi\left(n+\frac{1}{2}\right)\left(1+it\right)\right]\right|}{|z|^2} dt \quad [34]$$

$$\left| \int_{\gamma_{1,3}} \frac{\pi \cot g\left(\pi z\right)}{z^2} dz \right| \leq \pi\left(\cancel{n+\frac{1}{2}}\right)\int_{-1}^{1} \frac{\left|\cot g\left[\pi\left(n+\frac{1}{2}\right)\left(1+it\right)\right]\right|}{\left(n+\frac{1}{2}\right)^{\cancel{2}}} dt = \frac{\pi}{n+\frac{1}{2}}\int_{-1}^{1} \left|\cot g\left(\frac{2n+1}{2}\pi + \frac{2n+1}{2}\pi it\right)\right| dt$$

$$\left| \int_{\gamma_{1,3}} \frac{\pi \cot g\left(\pi z\right)}{z^2} dz \right| \leq \frac{\pi}{n+\frac{1}{2}}\int_{-1}^{1} \left| \frac{\cos\left(\frac{2n+1}{2}\pi + \frac{2n+1}{2}\pi it\right)}{\operatorname{sen}\left(\frac{2n+1}{2}\pi + \frac{2n+1}{2}\pi it\right)} \right| dt$$

$$\left| \int_{\gamma_{1,3}} \frac{\pi \cot g\left(\pi z\right)}{z^2} dz \right| \leq \frac{\pi}{n+\frac{1}{2}}\int_{-1}^{1} \left| \frac{\cos\left(\frac{2n+1}{2}\pi\right)^{\!\!0}\cos\left(\frac{2n+1}{2}\pi it\right) - \operatorname{sen}\left(\frac{2n+1}{2}\pi\right)\operatorname{sen}\left(\frac{2n+1}{2}\pi it\right)}{\operatorname{sen}\left(\frac{2n+1}{2}\pi\right)\cos\left(\frac{2n+1}{2}\pi it\right) + \operatorname{sen}\left(\frac{2n+1}{2}\pi it\right)\cos\left(\frac{2n+1}{2}\pi\right)^{\!\!0}} \right| dt$$

$$\left| \int_{\gamma_{1,3}} \frac{\pi \cot g\left(\pi z\right)}{z^2} dz \right| \leq \frac{\pi}{n+\frac{1}{2}}\int_{-1}^{1} \left| \frac{\operatorname{sen}\left(\frac{2n+1}{2}\pi it\right)}{\cos\left(\frac{2n+1}{2}\pi it\right)} \right| dt = \frac{\pi}{n+\frac{1}{2}}\int_{-1}^{1} \left| \frac{\cancel{i}\operatorname{senh}\left(\frac{2n+1}{2}\pi t\right)}{\cosh\left(\frac{2n+1}{2}it\right)} \right| dt = \frac{\pi}{n+\frac{1}{2}}\int_{-1}^{1} \left| \underbrace{\operatorname{tgh}\left(\frac{2n+1}{2}\pi t\right)}_{<1} \right| dt$$

$$\left| \int_{\gamma_{1,3}} \frac{\pi \cot g\left(\pi z\right)}{z^2} dz \right| \leq \frac{\pi}{n+\frac{1}{2}}\int_{-1}^{1} 1\, dt = \frac{2\pi}{n+\frac{1}{2}}, \text{ no limite, quando } n\to\infty, \text{ teremos } \left| \int_{\gamma_{1,3}} \frac{\pi \cot g\left(\pi z\right)}{z^2} dz \right| \to 0$$

Por tanto, podemos concluir que,

$$\lim_{n\to\infty} \int_{\gamma_{1,3}} \frac{\pi \cot g\left(\pi z\right)}{z^2} dz = 0.$$

---

[34] Seja $|z| = n+\frac{1}{2}$ a circunferência inscrita no quadrado da figura, temos que qualquer z pertencente à Γ terá módulo maior

que o raio da circunferência, assim, $|z_\Gamma| \geq n+\frac{1}{2} \Rightarrow \frac{1}{|z_\Gamma|^2} \leq \frac{1}{\left(n+\frac{1}{2}\right)^2}$.

Vamos agora à $\displaystyle\int_{\gamma_{2,4}}\frac{\pi\cot g\left(\pi z\right)}{z^2}dz$,

$$\left|\int_{\gamma_{2,4}}\frac{\pi\cot g\left(\pi z\right)}{z^2}dz\right|=\left|\int_{-1}^{1}\frac{\pi\cot g\left[\pm\pi\left(n+\frac{1}{2}\right)(t-i)\right]}{z^2}\left(\pm\left(n+\frac{1}{2}\right)\right)dt\right|\leq\pi\left(n+\frac{1}{2}\right)\int_{-1}^{1}\left|\frac{\pm\cot g\left[\pi\left(n+\frac{1}{2}\right)(t-i)\right]}{z^2}\right|dt$$

$$\left|\int_{\gamma_{2,4}}\frac{\pi\cot g\left(\pi z\right)}{z^2}dz\right|\leq\pi\left(n+\frac{1}{2}\right)\int_{-1}^{1}\frac{\left|\cot g\left[\pi\left(n+\frac{1}{2}\right)(t-i)\right]\right|}{\left|z\right|^2}dt$$

$$\left|\int_{\gamma_{2,4}}\frac{\pi\cot g\left(\pi z\right)}{z^2}dz\right|\leq\pi\left(\!\!\!\!\diagup\!\!\!\!n+\frac{1}{2}\!\!\!\!\diagup\right)\int_{-1}^{1}\frac{\left|\cot g\left[\pi\left(n+\frac{1}{2}\right)(t-i)\right]\right|}{\left(n+\frac{1}{2}\right)^2}dt=\frac{\pi}{n+\frac{1}{2}}\int_{-1}^{1}\left|\cot g\left(\frac{2n+1}{2}\pi t-\frac{2n+1}{2}\pi i\right)\right|dt$$

$$\left|\int_{\gamma_{2,4}}\frac{\pi\cot g\left(\pi z\right)}{z^2}dz\right|\leq\frac{\pi}{n+\frac{1}{2}}\int_{-1}^{1}\left|\frac{\cos\left(\frac{2n+1}{2}\pi t-\frac{2n+1}{2}\pi i\right)}{\sin\left(\frac{2n+1}{2}\pi t-\frac{2n+1}{2}\pi i\right)}\right|dt$$

$$\left|\int_{\gamma_{2,4}}\frac{\pi\cot g\left(\pi z\right)}{z^2}dz\right|\leq\frac{\pi}{n+\frac{1}{2}}\int_{-1}^{1}\left|\frac{\cos\left(\frac{2n+1}{2}\pi t\right)\cos\left(\frac{2n+1}{2}\pi i\right)+\sin\left(\frac{2n+1}{2}\pi t\right)\sin\left(\frac{2n+1}{2}\pi i\right)}{\sin\left(\frac{2n+1}{2}\pi t\right)\cos\left(\frac{2n+1}{2}\pi i\right)-\sin\left(\frac{2n+1}{2}\pi t\right)\cos\left(\frac{2n+1}{2}\pi i\right)}\right|dt$$

$$\left|\int_{\gamma_{2,4}}\frac{\pi\cot g\left(\pi z\right)}{z^2}dz\right|\leq\frac{\pi}{n+\frac{1}{2}}\int_{-1}^{1}\left|\frac{\cos\left(\frac{2n+1}{2}\pi t\right)\cosh\left(\frac{2n+1}{2}\pi\right)+i\sin\left(\frac{2n+1}{2}\pi t\right)\mathrm{senh}\left(\frac{2n+1}{2}\pi\right)}{\sin\left(\frac{2n+1}{2}\pi t\right)\cosh\left(\frac{2n+1}{2}\pi\right)-i\,\mathrm{senh}\left(\frac{2n+1}{2}\pi\right)\cos\left(\frac{2n+1}{2}\pi t\right)}\right|dt$$

$$\left|\int_{\gamma_{2,4}}\frac{\pi\cot g\left(\pi z\right)}{z^2}dz\right|\leq\frac{\pi}{n+\frac{1}{2}}\int_{-1}^{1}\sqrt{\frac{\cos^2\left(\frac{2n+1}{2}\pi t\right)\cosh^2\left(\frac{2n+1}{2}\pi\right)+\mathrm{sen}^2\left(\frac{2n+1}{2}\pi t\right)\mathrm{senh}^2\left(\frac{2n+1}{2}\pi\right)}{\mathrm{sen}^2\left(\frac{2n+1}{2}\pi t\right)\cosh^2\left(\frac{2n+1}{2}\pi\right)+\mathrm{senh}^2\left(\frac{2n+1}{2}\pi\right)\cos^2\left(\frac{2n+1}{2}\pi t\right)}}\,dt$$

$$\lim_{n\to\infty}\frac{\pi}{n+\frac{1}{2}}\int_{-1}^{1}\sqrt{\frac{\cos^2\left(\frac{2n+1}{2}\pi t\right)\cosh^2\left(\frac{2n+1}{2}\pi\right)+\mathrm{sen}^2\left(\frac{2n+1}{2}\pi t\right)\mathrm{senh}^2\left(\frac{2n+1}{2}\pi\right)}{\mathrm{sen}^2\left(\frac{2n+1}{2}\pi t\right)\cosh^2\left(\frac{2n+1}{2}\pi\right)+\mathrm{senh}^2\left(\frac{2n+1}{2}\pi\right)\cos^2\left(\frac{2n+1}{2}\pi t\right)}}\,dt$$

$$\left(\lim_{n\to\infty}\frac{\pi}{n+\frac{1}{2}}\right)\left(\lim_{n\to\infty}\int_{-1}^{1}\sqrt{\frac{\cos^2\left(\frac{2n+1}{2}\pi t\right)\cosh^2\left(\frac{2n+1}{2}\pi\right)+\operatorname{sen}^2\left(\frac{2n+1}{2}\pi t\right)\operatorname{senh}^2\left(\frac{2n+1}{2}\pi\right)}{\operatorname{sen}^2\left(\frac{2n+1}{2}\pi t\right)\cosh^2\left(\frac{2n+1}{2}\pi\right)+\operatorname{senh}^2\left(\frac{2n+1}{2}\pi\right)\cos^2\left(\frac{2n+1}{2}\pi t\right)}}\,dt\right)$$

$$\left(\lim_{n\to\infty}\frac{\pi}{n+\frac{1}{2}}\right)\left(\int_{-1}^{1}\lim_{n\to\infty}\sqrt{\frac{\cos^2\left(\frac{2n+1}{2}\pi t\right)\cosh^2\left(\frac{2n+1}{2}\pi\right)+\operatorname{sen}^2\left(\frac{2n+1}{2}\pi t\right)\operatorname{senh}^2\left(\frac{2n+1}{2}\pi\right)}{\operatorname{sen}^2\left(\frac{2n+1}{2}\pi t\right)\cosh^2\left(\frac{2n+1}{2}\pi\right)+\operatorname{senh}^2\left(\frac{2n+1}{2}\pi\right)\cos^2\left(\frac{2n+1}{2}\pi t\right)}}\,dt\right)$$

$$\left(\lim_{n\to\infty}\frac{\pi}{n+\frac{1}{2}}\right)\left(\int_{-1}^{1}\lim_{n\to\infty}\sqrt{\frac{\dfrac{\cos^2\left(\frac{2n+1}{2}\pi t\right)\cosh^2\left(\frac{2n+1}{2}\pi\right)+\operatorname{sen}^2\left(\frac{2n+1}{2}\pi t\right)\operatorname{senh}^2\left(\frac{2n+1}{2}\pi\right)}{\cosh^2\left(\frac{2n+1}{2}\pi\right)}}{\dfrac{\operatorname{sen}^2\left(\frac{2n+1}{2}\pi t\right)\cosh^2\left(\frac{2n+1}{2}\pi\right)+\operatorname{senh}^2\left(\frac{2n+1}{2}\pi\right)\cos^2\left(\frac{2n+1}{2}\pi t\right)}{\cosh^2\left(\frac{2n+1}{2}\pi\right)}}}\,dt\right)$$

$$\left(\lim_{n\to\infty}\frac{\pi}{n+\frac{1}{2}}\right)\left(\int_{-1}^{1}\lim_{n\to\infty}\sqrt{\frac{\cos^2\left(\frac{2n+1}{2}\pi t\right)+\operatorname{sen}^2\left(\frac{2n+1}{2}\pi t\right)\operatorname{tgh}^2\left(\frac{2n+1}{2}\pi\right)}{\operatorname{sen}^2\left(\frac{2n+1}{2}\pi t\right)+\operatorname{tgh}^2\left(\frac{2n+1}{2}\pi\right)\cos^2\left(\frac{2n+1}{2}\pi t\right)}}\,dt\right),\quad \lim_{n\to\infty}\operatorname{tgh}\left(\frac{2n+1}{2}\pi\right)=1,$$

$$\left(\lim_{n\to\infty}\frac{\pi}{n+\frac{1}{2}}\right)\left(\int_{-1}^{1}\lim_{n\to\infty}\sqrt{\frac{\cos^2\left(\frac{2n+1}{2}\pi t\right)+\operatorname{sen}^2\left(\frac{2n+1}{2}\pi t\right)}{\operatorname{sen}^2\left(\frac{2n+1}{2}\pi t\right)+\cos^2\left(\frac{2n+1}{2}\pi t\right)}}\,dt\right)$$

$$\left(\cancel{\lim_{n\to\infty}\frac{\pi}{n+\frac{1}{2}}}^{\,0}\right)\left(\int_{-1}^{1}\lim_{n\to\infty}1\,dt\right)^{\!2}=0\ ,\ \text{por tanto,}\ \left|\int_{\gamma_{2,4}}\frac{\pi\cotg(\pi z)}{z^2}\,dz\right|\to 0$$

De onde concluímos $\displaystyle\lim_{n\to\infty}\int_{\gamma_{2,4}}\frac{\pi\cotg(\pi z)}{z^2}\,dz=0$

Retomando,

$$\sum_{k\in\mathbb{Z}+}\frac{1}{k^2}=\frac{1}{4\pi i}\left(\lim_{n\to\infty}\int_{\Gamma_n}F(z)\,dz\right)-\frac{1}{2}\operatorname{Res}\big(F(z),z=0\big)$$

$$\sum_{k\in\mathbb{Z}+}\frac{1}{k^2}=\frac{1}{4\pi i}(0)-\frac{1}{2}\left(-\frac{\pi^2}{3}\right)=\frac{\pi^2}{6}$$

$$\sum_{k=1}^{\infty}\frac{1}{k^2}=\frac{\pi^2}{6}$$

Para generalizarmos o resultado acima, basta notarmos quais foram as restrições escolhidas na resolução do problema e suficientes para que a integral sobre o contorno Γ se anule para n tendendo ao infinito. Podemos então escrever que para uma série de termo geral, $\dfrac{1}{p(k)}$, tal que $p(k)$ seja um polinômio de grau maior ou igual a dois de coeficientes reais o valor de sua soma poderá ser calculado por

$$\sum_{k \in \mathbb{Z}\backslash\{z_j\}} \frac{1}{p(k)} = -\sum_{j=1}^{n} \text{Res}\left(\frac{\pi\,\text{cotg}(\pi z)}{p(z)}, z_j\right)$$

Onde os z_j são raízes de $p(z)$.

a) Calcule $\displaystyle\sum_{k=0}^{\infty} \frac{1}{k^2+1}$.

Solução:

$p(k) = k^2 + 1$ satisfaz as condições para que possamos utilizar a expressão abaixo,

$$\sum_{k=-\infty}^{+\infty} \frac{1}{p(k)} = -\sum_{j=1}^{n} \text{Res}\left(\frac{\pi\,\text{cotg}(\pi z)}{p(z)}, z_j\right), \text{ assim,}$$

$$\sum_{k=-\infty}^{+\infty} \frac{1}{k^2+1} = -\sum_{j=1}^{2} \text{Res}\left(\frac{\pi\,\text{cotg}(\pi z)}{z^2+1}, z_j\right), \; z_1 = i \text{ e } z_2 = -i$$

Ambos os polos acima são simples, por tanto podem ser calculados como segue,

$$\text{Res}\left(\frac{\pi\,\text{cotg}(\pi z)}{z^2+1}, z=i\right) = \lim_{z\to i}(z-i)\frac{\pi\,\text{cotg}(\pi z)}{(z+i)(z-i)} = \frac{\pi\,\text{cotg}(\pi i)}{2i} = -\frac{\pi i}{2}\frac{\cos(\pi i)}{\text{sen}(\pi i)} = -\frac{\pi i}{2}\frac{\cosh(\pi)}{i\,\text{senh}(\pi)} = -\frac{\pi}{2}\text{cotgh}\,\pi$$

$$\text{Res}\left(\frac{\pi\,\text{cotg}(\pi z)}{z^2+1}, z=-i\right) = \lim_{z\to -i}(z+i)\frac{\pi\,\text{cotg}(\pi z)}{(z+i)(z-i)} = \frac{\pi\,\text{cotg}(-\pi i)}{-2i} = \frac{\pi i}{2}\frac{\cos(-\pi i)}{\text{sen}(-\pi i)} = \frac{\pi i}{2}\frac{\cosh(\pi)}{-i\,\text{senh}(\pi)} = -\frac{\pi}{2}\text{cotgh}\,\pi$$

Assim,

$$\sum_{k=-\infty}^{+\infty} \frac{1}{k^2+1} = -\left[\text{Res}\left(\frac{\pi\,\text{cotg}(\pi z)}{z^2+1}, i\right) + \text{Res}\left(\frac{\pi\,\text{cotg}(\pi z)}{z^2+1}, -i\right)\right] = -\left[-\frac{\pi}{2}\text{cotgh}\,\pi - \frac{\pi}{2}\text{cotgh}\,\pi\right] = \pi\,\text{cotgh}\,\pi$$

$$\sum_{k=-\infty}^{-1} \frac{1}{k^2+1} + \frac{1}{0^2+1} + \sum_{k=1}^{\infty} \frac{1}{k^2+1} = \pi\,\text{cotgh}\,\pi$$

$$2\sum_{k=1}^{\infty} \frac{1}{k^2+1} = 2\sum_{k=0}^{\infty} \frac{1}{k^2+1} - 2 = \pi\,\text{cotgh}\,\pi - 1$$

$$\sum_{k=0}^{\infty}\frac{1}{k^2+1}=\frac{\pi\coth\pi+1}{2}$$

b) Calcule $\displaystyle\sum_{k=2}^{\infty}\frac{1}{k^2-1}$.

Solução:

Para o contorno Γ apresentado no problema de Basiléia, podemos escrever,

$$\lim_{n\to\infty}\int_{\Gamma_n}F(z)dz=2\pi i\left[\sum_{k\in\mathbb{Z}\setminus\{\pm1\}}\frac{1}{k^2-1}+\text{Res}\big(F(z),z=1\big)+\text{Res}\big(F(z),z=-1\big)\right]$$

Nas condições do termo geral da série e da função cotangente, sabemos que a integral sobre gama será nula, assim,

$$\sum_{k\in\mathbb{Z}\setminus\{\pm1\}}\frac{1}{k^2-1}=-\left[\text{Res}\big(F(z),z=1\big)+\text{Res}\big(F(z),z=-1\big)\right]$$

Devemos, no entanto, reparar que ambos os polos não são simples, mas sim de ordem 2, por tanto,

$$\text{Res}\left(\frac{\pi\cot(\pi z)}{(z+1)(z-1)},z=1\right)=\lim_{z\to1}\frac{1}{1!}\frac{d}{dz}\frac{(z-1)^2}{(z+1)(z-1)}\left[\frac{1}{z-1}-\frac{\pi^2(z-1)}{3}-\frac{\pi^4(z-1)^3}{45}-\frac{2\pi^6(-1)^5}{945}+...\right]$$

$$\text{Res}\left(\frac{\pi\cot(\pi z)}{(z+1)(z-1)},z=1\right)=\lim_{z\to1}\frac{d}{dz}\left[\frac{1}{z+1}-\frac{\pi^2(z-1)^2}{3(z+1)}-\frac{\pi^4(z-1)^4}{45(z+1)}-\frac{2\pi^6(z-1)^6}{945(z+1)}+...\right]$$

$$\text{Res}\left(\frac{\pi\cot(\pi z)}{(z+1)(z-1)},z=1\right)=\frac{-1}{(1+1)^2}=\frac{-1}{4}$$

$$\text{Res}\left(\frac{\pi\cot(\pi z)}{(z+1)(z-1)},z=-1\right)=\lim_{z\to-1}\frac{1}{1!}\frac{d}{dz}\frac{(z+1)^2}{(z+1)(z-1)}\left[\frac{1}{z+1}-\frac{\pi^2(z+1)}{3}-\frac{\pi^4(z+1)^3}{45}-\frac{2\pi^6(z+1)^5}{945}+...\right]$$

$$\text{Res}\left(\frac{\pi\cot(\pi z)}{(z+1)(z-1)},z=-1\right)=\lim_{z\to-1}\frac{d}{dz}\left[\frac{1}{z-1}-\frac{\pi^2(z+1)^2}{3(z-1)}-\frac{\pi^4(z+1)^4}{45(z-1)}-\frac{2\pi^6(z+1)^6}{945(z-1)}+...\right]$$

$$\text{Res}\left(\frac{\pi\cot(\pi z)}{(z+1)(z-1)},z=-1\right)=\frac{1}{(-1-1)^2}=\frac{-1}{4}$$

Retomando,

$$\sum_{k\in\mathbb{Z}\setminus\{\pm1\}}\frac{1}{k^2-1}=-\left[\text{Res}\big(F(z),z=1\big)+\text{Res}\big(F(z),z=-1\big)\right]$$

$$\sum_{k\in\mathbb{Z}\setminus\{\pm1\}}\frac{1}{k^2-1}=-\left[\frac{-1}{4}+\frac{-1}{4}\right]=\frac{1}{2}$$

$$\sum_{k=-\infty}^{-2}\frac{1}{k^2-1}+(-1)+\sum_{k=2}^{\infty}\frac{1}{k^2-1}=\frac{1}{2}$$

$$2\sum_{k=2}^{\infty}\frac{1}{k^2-1}=\frac{3}{2}$$

$$\sum_{k=2}^{\infty}\frac{1}{k^2-1}=\frac{3}{4}$$

O nosso termo geral, na verdade, pode ser uma função racional irredutível de coeficientes reais que pode ser escrita como $\dfrac{p(k)}{q(k)}$, se $\delta\left(q(x)\right)-\delta\left(p(x)\right)\geq 2$ e deve-se sempre prestar a atenção para o fato de que possíveis polos de q (z), possam coincidir com polos da função cotangente, caso em que devemos analisar com cuidado sua multiplicidade. O valor da soma da série será dada pela expressão:

$$\sum_{k\in\mathbb{Z}\backslash\{z_j\}}\frac{p(k)}{q(k)}=-\sum_{j=1}^{n}\mathrm{Res}\left(\pi\cotg(\pi z)\frac{p(z)}{q(z)},z_j\right)$$

Onde os z_j são raízes de q (z).

Para as mesmas restrições acima, apresentamos variações do termo geral e as respectivas funções[35] que permitem o cálculo da série,

$$\sum_{k\in\mathbb{Z}\backslash\{z_j\}}(-1)^k\frac{p(k)}{q(k)}=-\sum_{j=1}^{n}\mathrm{Res}\left(\pi\,\mathrm{cossec}(\pi z)\frac{p(z)}{q(z)},z_j\right)$$

$$\sum_{k\in\mathbb{Z}\backslash\{z_j\}}\frac{p\left(\frac{2k+1}{2}\right)}{q\left(\frac{2k+1}{2}\right)}=\sum_{j=1}^{n}\mathrm{Res}\left(\pi\,\mathrm{tg}(\pi z)\frac{p\left(\frac{2k+1}{2}\right)}{q\left(\frac{2k+1}{2}\right)},z_j\right)$$

$$\sum_{k\in\mathbb{Z}\backslash\{z_j\}}(-1)^k\frac{p\left(\frac{2k+1}{2}\right)}{q\left(\frac{2k+1}{2}\right)}=\sum_{j=1}^{n}\mathrm{Res}\left(\pi\sec(\pi z)\frac{p\left(\frac{2k+1}{2}\right)}{q\left(\frac{2k+1}{2}\right)},z_j\right)$$

---

[35] Murray Spiegel, Ph.D. , Seymour Lipschutz Ph.D., John Schiiller Ph.D., Dennis Spellman, Ph.D. ."Complex Vairables". McGraw Hill, 2nd Edition, 2009.

APÊNDICE

A) Números Complexos - Complementos

O objetivo deste tópico não é o de apresentar os números complexos, os conhecimentos básicos sobre o assunto são considerados como conhecimento prévio que o leitor dispõem, no entanto, recordaremos algumas propriedades consideradas importantes para o desenvolvimento do volume.

Algumas relações importantes observadas nos números complexos:

- $z.\overline{z} = |z|^2$
- $z^{-1} = \dfrac{\overline{z}}{|z|^2}$
- $\operatorname{Re}(z) \le |\operatorname{Re}(z)| \le |z|$ e $\operatorname{Im}(z) \le |\operatorname{Im}(z)| \le |z|$

Vale mencionar que a norma ou módulo de um número complexo pode e deve ser interpretada com distância entre dois pontos, por exemplo, $z = 3 + 4i$, $|z| = \sqrt{(3)^2 + (4)^2} = 5$, 5 é a distância no plano complexo do afixo de z até a origem, observe, $|z| = |z - O| = |(3 + 4i) - (0 + 0i)|$ ou simplesmente, $|z| = |(3,4) - (0,0)|$.

Desigualdade Triangular:
$$|z_1 + z_2| \le |z_1| + |z_2|$$

Demonstração:

$$|z_1 + z_2|^2 = |(x_1 + x_2) + (y_1 + y_2)i|^2 = (x_1 + x_2)^2 + (y_1 + y_2)^2$$

$$|z_1 + z_2|^2 = x_1^2 + 2x_1x_2 + x_2^2 + y_1^2 + 2y_1y_2 + y_2^2 = x_1^2 + y_1^2 + x_2^2 + y_2^2 + 2(x_1x_2 + y_1y_2)$$

$$|z_1 + z_2|^2 = |z_1|^2 + |z_2|^2 + 2(x_1x_2 + y_1y_2)$$

$onde$ $z_1\overline{z}_2 = (x_1 + y_1 i)(x_2 - y_2 i) = (x_1x_2 + y_1y_2) + (y_1x_2 - x_1y_2)i,$ $assim,$

$$|z_1 + z_2|^2 = |z_1|^2 + |z_2|^2 + 2\operatorname{Re}(z_1\overline{z}_2),$$ $mas,$

$$\left|\operatorname{Re}(z_1\overline{z}_2)\right| \le |z_1\overline{z}_2| = |z_1z_2| = |z_1||z_2| \Rightarrow \left|\operatorname{Re}(z_1\overline{z}_2)\right| \le |z_1||z_2|,$$ $substituindo,$

$$|z_1 + z_2|^2 \le |z_1|^2 + |z_2|^2 + 2|z_1||z_2| = (|z_1| + |z_2|)^2,$$ $finalmente,$

$$|z_1 + z_2| \le |z_1| + |z_2|$$

$\square$

$Obs.:$

$$|z_1 + z_2| \ge \big||z_1| - |z_2|\big|$$ e $$|z_1 - z_2| \ge |z_1| - |z_2|$$

Forma Polar de um Número Complexo:

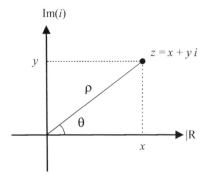

$$z = \rho(\cos\theta + i\,\text{sen}\,\theta)$$

$$\begin{cases} \rho = |z| = \sqrt{(x)^2 + (y)^2} \\ \theta = \text{tg}^{-1}\left(\dfrac{y}{x}\right) \end{cases} \Leftrightarrow \begin{cases} x = \rho\cos\theta \\ y = \rho\,\text{sen}\,\theta \end{cases}$$

Mas, uma vez que a função $\text{tg}^{-1}x$ varia no intervalo $\left]-\dfrac{\pi}{2},\dfrac{\pi}{2}\right[$, o cálculo de θ, como apresentado acima não seria capaz de diferenciar ângulos que estão no 1° quadrante de ângulos do 3° quadrante assim como ângulos do 4° quadrante de ângulos do 2° quadrante, devemos então definir nosso θ como,

$$\theta = \begin{cases} \text{tg}^{-1}\left(\dfrac{y}{x}\right), \text{ se } x > 0 \\ \text{tg}^{-1}\left(\dfrac{y}{x}\right)+\pi, \text{ se } x < 0 \text{ e } y \geq 0 \\ \text{tg}^{-1}\left(\dfrac{y}{x}\right)-\pi, \text{ se } x < 0 \text{ e } y < 0 \\ \dfrac{\pi}{2}, \text{ se } x = 0 \text{ e } y > 0 \\ -\dfrac{\pi}{2}, \text{ se } x = 0 \text{ e } y < 0 \end{cases} \qquad \theta = \text{Arg}(z),\ -\pi < \text{Arg}(z) < \pi\ ,$$

Arg (z) é denominado de valor principal de arg (z).

Desse modo o nosso ângulo estará sempre no intervalo de $-\pi$ à π. Vamos denominar o ângulo θ de argumento do número complexo z, $\theta = \text{Arg}(z),\ -\pi < \text{Arg}(z) \leq \pi$.

Mas dada a periodicidade das funções trigonométricas, sabemos que,
$$z = \rho(\cos\theta + i\,\text{sen}\,\theta) = \rho(\cos(\theta + 2k\pi) + i\,\text{sen}(\theta + 2k\pi)),\ k \in \mathbb{Z},$$
desse modo, o menor valor não negativo de θ será denominado de valor principal do argumento de z e será escrito com a primeira letra em maiúscula, ou seja, para

$$\boxed{z = \rho\left(\cos\left(\underbrace{\underbrace{\theta}_{\text{Arg}\,\theta} + 2k\pi}_{\arg\theta}\right) + i\,\text{sen}\left(\underbrace{\underbrace{\theta}_{\text{Arg}\,\theta} + 2k\pi}_{\arg\theta}\right)\right)}$$

Arg (z) é denominado de valor principal de arg (z), ou seja, é o valor do arg (z) quando $k = 0$.

Fórmula de Euler: $\boxed{e^{i\theta} = \cos\theta + i\,\mathrm{sen}\,\theta}$

A Fórmula de Euler pode ser deduzida facilmente ao observarmos as expansões individuais das funções acima em série de MacLaurin e nos permite reescrever a forma polar com notação exponencial, observe:

$$z = \rho\underbrace{\left(\cos\theta + i\,\mathrm{sen}\,\theta\right)}_{e^{i\theta}} = \rho\,e^{i\theta}$$

Operações na Fórmula Polar:

Seja $z_1 = \rho_1\,e^{i\theta_1}$ e $z_2 = \rho_2\,e^{i\theta_2}$, temos,

$$z_1 \cdot z_2 = \rho_1\,e^{i\theta_1} \cdot \rho_2\,e^{i\theta_2} = \rho_1\rho_2\,e^{i(\theta_1+\theta_2)}$$

$$\frac{z_1}{z_2} = \frac{\rho_1}{\rho_2}e^{i(\theta_1-\theta_2)}$$

$$\overline{z}_1 = \rho_1 e^{-i\theta_1}, \ \overline{z}_2 = \rho_2 e^{-i\theta_2}$$

$$z_1^{\,n} = \rho_1^{\,n}\,e^{in\theta_1}$$

Das operações explicitadas acima, vale dizer que:

$\arg\left(z_1 z_2\right) = \arg\left(z_1\right) + \arg\left(z_2\right)$, ou seja, existe um valor de k que torna a igualdade verdadeira.

Raízes enésimas da unidade:

São os valores de z que satisfazem a equação $z^n = 1$. Das operações em forma polar, podemos deduzir que,

$$z = \cos\left(\frac{2k\pi}{n}\right) + i\,\mathrm{sen}\left(\frac{2k\pi}{n}\right), \ 0 \leq k \leq n-1$$

É costume sintetizarmos a expressão $\cos\theta + i\,\mathrm{sen}\,\theta$ por $\mathrm{cis}\,\theta$, assim, substituindo os valores de θ, podemos escrever,

$$z^n - 1 - (z-1)\left(z - \mathrm{cis}\frac{2\pi}{n}\right)\left(z - \mathrm{cis}\frac{4\pi}{n}\right) \ldots \left(z - \mathrm{cis}\frac{2(n-1)\pi}{n}\right)$$

Ainda da representação do número complexo no plano, podemos interpretar z, como a ponta de um vetor com origem na origem do sistema cartesiano. Desse modo, é importante relembrarmos as definições e propriedades dos vetores para que possamos tirar o máximo proveito dessa interpretação:

B) Números Complexos – Interpretação Geométrica

Abordaremos aqui, além da formas usuais, da interpretação geométrica dos números complexos, a noção de vetor e algumas de suas operações que se mostrarão úteis ao trabalharmos com os complexos, como por exemplo a adição de ponto com vetor.

Definições:

- Segmento Orientado: é um par ordenado (A,B) em E^3, com origem em um ponto A e extremidade em um ponto B. Considere os segmentos orientados (A,B) e (C,D), dizemos que:
    o (A,B) tem o mesmo módulo de (C,D) se: $\overline{AB} = \overline{CD}$
    o (A,B) tem a mesma direção de (C,D) se: $AB // CD$
    o (A,B) tem o mesmo sentido de (C,D) se: $AC \cap BD = \emptyset$

Exemplo:

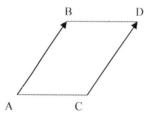

- Quando dois segmentos orientados tem iguais: módulo, direção e sentido, dizemos que são eqüipolentes (~). No exemplo temos então: (A,B) ~ (C,D).

- Define-se:
    o Classe de eqüipolência – é o conjunto de todos os segmentos eqüipolentes entre si.

    o Vetor – É uma classe de eqüipolência de segmentos orientados de E^3. Se (A,B) é um segmento orientado, o vetor correspondente, ou seja, o vetor cujo representante é (A,B), será dado por $\vec{AB}$ ou, por exemplo $\vec{u}$.

    o Vetor Nulo – é o vetor cujo representante será dado por (X,X), escreve-se $\vec{0}$. O vetor nulo é paralelo a qualquer vetor.

- Adição de Vetores: Vamos definir no conjunto de todos os vetores do espaço, V^3, uma operação de adição, que a cada par de vetores $\vec{u}$ e $\vec{v}$ fará corresponder o vetor soma $\vec{u} + \vec{v}$. Consideremos um representante qualquer (A,B) do vetor $\vec{u}$, e o representante do vetor $\vec{v}$ que tem origem em B. Seja C a extremidade desse último. Fica assim determinado o segmento orientado (A,C). Por definição, o vetor $\vec{AC}$, cujo representante é o segmento orientado (A,C), é o vetor soma de $\vec{u}$ com $\vec{v}$.

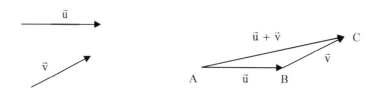

- Multiplicação de um número Real por um Vetor: Operação definida em V^3, que associa a cada $\alpha \in \mathbb{R}$ e a cada vetor $\vec{v}$ de V^3 um vetor, indicado por $\alpha\vec{v}$, tal que:

    o Se $\alpha = 0$ e $\vec{v} = \vec{u}$ então $\alpha\vec{v} = \vec{u}$ (definição)
    o Se $\alpha \neq 0$ e $\vec{v} \neq \vec{u}$ então $\alpha\vec{v}$ é caracterizado por:

        ▪ $\alpha\vec{v} \parallel \vec{v}$.
        ▪ $\alpha\vec{v}$ e $\vec{v}$ tem o mesmo sentido se $\alpha > 0$ e sentido oposto se $\alpha < 0$.
        ▪ $|\alpha\vec{v}| = |\alpha||\vec{v}|$

- Soma de Ponto com Vetor: Dados um ponto P e um vetor $\vec{v}$, existe um único segmento orientado (P,Q) que representa $\vec{v}$. Isso nos permite definir uma operação, que a cada ponto $P \in E^3$ e a cada vetor $\vec{v} \in V^3$ associa um único ponto Q de E^3, indicado por $P + \vec{v}$ e chamado soma de P com $\vec{v}$:

$$\forall P \in E^3, \forall \vec{v} \in V^3 \;/\; P + \vec{v} = Q \Leftrightarrow \overrightarrow{PQ} = \vec{v}$$

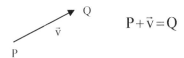

Podemos encarar $P + \vec{v}$ como o resultado de uma translação do ponto P, translação essa determinada por $\vec{v}$.

- Se o segmento orientado (A,B) é um representante do vetor $\vec{v}$, é usual representar esse vetor por $\overrightarrow{AB}$ ou ainda, B – A. Essa é a chamada notação de Grassmann.
  Obs.: já que o ponto B seria a soma do ponto A com o vetor $\vec{v}$, então nada mais "natural" que o vetor $\vec{v}$ fosse a "diferença" entre B e A, ou seja, $A + \vec{v} = B$, por tanto, $\vec{v} = B - A$.

Se aplicarmos os conceitos e propriedades dos vetores aos números complexos, teremos uma infinidade de recursos para utilizarmos na solução de problemas.

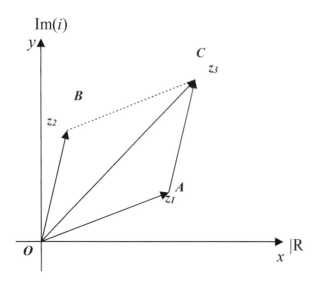

Da figura ao lado, por exemplo, podemos escrever o vetor $\overrightarrow{OB}$ segundo a notação de Grassmann, o que nos daria:

$$\overrightarrow{OA} = A - O = (x_A, y_A) - (0,0) = (x_A, y_A)$$

Que é o afixo de z_1, dessa forma podemos tomar a liberdade de escrever,

$$\overrightarrow{OA} = A - O = (x_A, y_A) = x_A + y_B i = z_1,$$

Ou seja, cada ponto do plano complexo representa um vetor que possui sua origem na origem do sistema e da igualdade de vetores podemos dizer que todos os vetores do plano podem ser representados por um vetor cuja origem é a origem do sistema.

Na figura acima, por exemplo, os vetores $\overrightarrow{OB}$ e $\overrightarrow{AC}$ representam um mesmo vetor, ou seja, $\overrightarrow{OB} = \overrightarrow{AC}$, no entanto, a representação associada a um número complexo, é aquela que parte da origem, assim para encontrarmos o número complexo que representa o vetor $\overrightarrow{AC}$, basta efetuarmos, $C - A = B - O = B$, o que faz sentido uma vez definida a adição de ponto com vetor, desse modo encontrando o ponto B que é o afixo de z. Por essa razão, toda vez que efetuamos operações com vetores, estamos efetuando operações com seus representantes com extremidade na origem do sistema, por exemplo na figura, $\overrightarrow{OA} + \overrightarrow{AC} = \overrightarrow{OA} + \overrightarrow{OB} = \overrightarrow{OC}$ ou ainda, se quiséssemos calcular o módulo de um vetor $\overrightarrow{MN}$, com $M(3, 5)$ e $N(-1, 7)$, poderíamos pela geometria analítica efetuar $|\overrightarrow{MN}| = \sqrt{(-1-3)^2 + (7-5)^2} = 2\sqrt{5}$ ou fazer $\overrightarrow{MN} = N - M = (-1, 7) - (3, 5) = (-4, 2)$, seu representante com extremidade na origem e por tanto, $|\overrightarrow{MN}| = |(-4, 2)| = \sqrt{(-4)^2 + (2)^2} = 2\sqrt{5}$, ou seja, seu módulo será a distância do ponto $(-4, 2)$ até $(0, 0)$. A adição de vetores, pelo o que vimos, nos permite efetuar a translação de qualquer figura geométrica. Já a multiplicação de dois vetores (representados pelos afixos de dois complexos) realizará uma rotação e/ou uma ampliação ou redução da norma do vetor. É fácil percebermos isso quando utilizamos a forma polar do número complexo, fica evidente a adição de ângulos, assim como a multiplicação do módulo.

Por exemplo, se quisermos rotacionar no sentido anti-horário o vetor $\overrightarrow{OX}$ de um ângulo de 90°, basta multiplica-lo por i, o que em notação polar seria $e^{\frac{\pi}{2}i}$, ou seja, o seu módulo em nada se alteraria, já o seu argumento seria incrementado de 90°; da mesma forma, se quiséssemos duplicar seu módulo e rotaciná-lo de 30° no sentido horário, deveríamos multiplica-lo por $2e^{-\frac{\pi}{6}i} = 2\left(\cos\frac{11\pi}{6} + i\,\text{sen}\,\frac{11\pi}{6}\right) = (\sqrt{3} - i)$.

b) É verdadeira a afirmação: $\text{Arg}(z_1 z_2) = \text{Arg}(z_1) + \text{Arg}(z_2)$?

Solução:

Como vimos, é correto afirmarmos que $P + \vec{v} = Q$, mas no caso dos valores principais devemos analisar com cautela. Para que a afirmação seja verdadeira, devemos ter $-\pi < \text{Arg}(z_1 z_2) \leq \pi$, ou seja, $-\pi < \text{Arg}(z_1) + \text{Arg}(z_2) \leq \pi$. Uma forma de garantirmos isso é estipulando que a parte real de z_1 e z_2 seja positiva, dessa maneira os módulos de seus valores principais de seus argumentos deveriam ser menores do que $\frac{\pi}{2}$, dessa maneira poderíamos garantir que $-\pi < \text{Arg}(z_1 z_2) \leq \pi$. Assim:

$\text{Re}(z_1) > 0$ e $\text{Re}(z_2) > 0 \Rightarrow \text{Arg}(z_1 z_2) = \text{Arg}(z_1) + \text{Arg}(z_2)$

c) Escreva na forma polar a circunferência com centro no ponto (4, 3) e raio 5.

Solução:

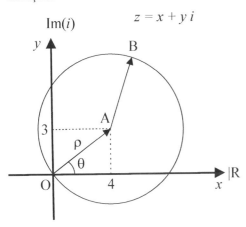

Podemos descrever os pontos da circunferência como sendo o Lugar Geométrico dos pontos do plano, cuja distância até o ponto (4, 3) seja igual a 5. Desse modo, sendo $z = (x, y)$ o L.G. dos pontos da circunferência e $z_0 = (4, 3)$, temos que a distância de z_0 até o ponto z é dada pelo módulo de $z - z_0$, e que essa distância é constante, independente do valor de θ, assim, finalmente, podemos escrever:

$|z - z_0| = |5e^{i\theta}| = 5\underbrace{|e^{i\theta}|}_{1} = 5$, $0 \leq \theta < 2\pi$, ou seja,

$z - z_0 = 5e^{i\theta} \Rightarrow z = z_0 + 5e^{i\theta}$

$z = 4 + 3i + 5e^{i\theta}$, é a forma paramétrica da circunferência de centro no ponto (4, 3) e raio 5. De modo geral, podemos escrever que a representação de uma circunferência de centro no ponto z_0 e raio ρ será dada por $z = z_0 + \rho e^{i\theta}$.

d) Dado $z_0 = 1 + 2i$ e $R = 5$, represente utilizando a notação de módulo,

   a) A circunferência de centro z_0 e raio R;
   b) O círculo de centro z_0 e raio R;
   c) O disco de centro z_0 e raio R.
   d) O disco perfurado de centro z_0 e raio R.

Solução:

a) $|z - (1 + 2i)| = 5$

b) $|z - (1 + 2i)| \leq 5$

c) $|z - (1 + 2i)| < 5$

d) $0 < |z - (1 + 2i)| < 5$

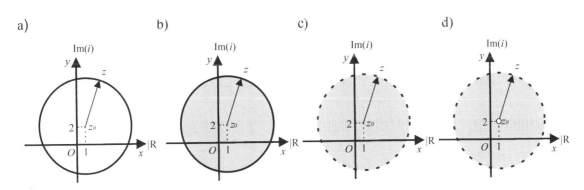

e) (Ueg) O conjunto dos números complexos que satisfazem a condição |z - 3i| = |z - 2| é representado no plano cartesiano por uma reta
   a) cuja inclinação é positiva.
   b) que contém a origem do sistema.
   c) que não intercepta o eixo real.
   d) cuja inclinação é negativa.

Solução:
Podemos reescrever a igualdade acima como segue,

$$|z - 3i| = |z - 2| \Leftrightarrow |z - (0+3i)| = |z - (2+0i)|, \text{ainda,}$$

$$|z - (0,3)| = |z - (2,0)|,$$ que pode ser lido como: "z é o Lugar Geométrico dos pontos do plano tais que sua distância até o ponto (0, 3) é igual a sua distância ao ponto (2, 0)."

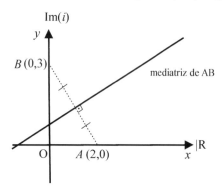

Ou seja, os pontos de z representam a mediatriz do segmento com extremidades em (0, 3) e (2, 0).

Desse modo, a alternativa correta é a alternativa (a).

f) (ITA, IME) Mostre que todas as raízes da equação: $(z + 1)^5 + z^5 = 0$ pertencem a uma mesma reta paralela ao eixo imaginário no plano complexo.

Solução:
Basta observarmos que:

$$(z + 1)^5 + z^5 = 0$$
$$(z + 1)^5 = -z^5$$
$$|(z + 1)^5| = |-z^5|$$
$$|z + 1|^5 = |z|^5$$
$$|z + 1| = |z|$$
$$|z - (1,0)| = |z - (0,0)|$$

Onde os pontos z do plano que satisfazem a igualdade, são aqueles que se encontram a mesma distância do ponto (-1, 0) e da origem, ou seja, da reta mediatriz desses pontos, que será perpendicular ao segmento com extremidade nesses dois pontos, por tanto, será paralela ao eixo imaginário.

g) (IBMEC) O valor máximo de $f(z) = |z + i|$, quando $|z - 2| = 1$, $z \in \mathbb{C}$ é:

a) 1 b) $\sqrt{5}$ c) $-\sqrt{5}$ d) $\sqrt{5} - 1$ e) $\sqrt{5} + 1$

Solução:

Podemos interpretar o problema como "Qual a maior distância que um ponto de z está do ponto (0, -1), sabendo que os pontos de z são os pontos cuja distância ao ponto (2, 0) é igual a 1.

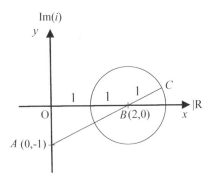

A distância procurada é o tamanho do segmento AC que pode ser dividido em $AB + BC$, assim,

$$\overline{AB}^2 = \overline{OA}^2 + \overline{OB}^2 = 1 + 4 = 5$$
$$\overline{AB} = \sqrt{5}$$

$$\overline{AC} = \overline{AB} + \overline{BC} = \sqrt{5} + 1 \text{, alternativa (e)}$$

h) Encontre o ponto D, sabendo que este se encontra no final de uma poligonal $ABCD$ e que:
- $A(2, 2)$, $B(8, 6)$;
- C se encontra à 90° no sentido anti-horário em relação à direção AB;
- $AB \equiv BC$;
- D se encontra à 120° no sentido horário em relação à direção BC;
- $BC \equiv CD$

Solução:

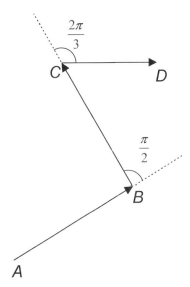

Do exposto acima, seja,

$\overrightarrow{AB} = B - A = (8,6) - (2,2) = (6,4)$, ou, $6 + 4i$, observe que o vetor $\overrightarrow{BC}$ é obtido da rotação de 90° no sentido anti-horário do vetor $\overrightarrow{AB}$ e para "girarmos" um vetor (número complexo) de 90° no sentido anti-horário, basta multiplicarmos o mesmo por i ($e^{\frac{\pi}{2}i}$, uma vez que ao multiplicarmos dois números complexos na forma exponencial, deveríamos multiplicar os módulos e somar os ângulos).

Assim, $\overrightarrow{BC} = \overrightarrow{AB} \cdot i = (6 + 4i) \cdot i = -4 + 6i = (-4, 6)$, ainda, para encontrarmos o ponto C, basta somarmos o vetor $\overrightarrow{BC}$ ao ponto B,

$$\overrightarrow{BC} = C - B \Rightarrow C = B + \overrightarrow{BC} = (8,6) + (-4,6) = (4,12),$$

Para encontrarmos o vetor $\overrightarrow{CD}$, basta girarmos o vetor $\overrightarrow{BC}$ de 120°, ou seja, somarmos $-\frac{2\pi}{3}$ radianos ao argumento de $\overrightarrow{BC}$ e por fim, dividirmos o seu módulo por 2,

$$\overrightarrow{CD} = \overrightarrow{BC}.e^{\frac{2\pi}{3}} = \frac{1}{2}\overrightarrow{BC}.\left(\cos\frac{4\pi}{3} + i\operatorname{sen}\frac{4\pi}{3}\right) = \frac{1}{2}(-4+6i)\left(\frac{-1-\sqrt{3}i}{2}\right) = \left(\frac{2+3\sqrt{3}}{2}, \frac{-3+2\sqrt{3}}{2}\right),$$

Finalmente, para encontrarmos o ponto D,

$$\overrightarrow{CD} = D - C \Rightarrow D = C + \overrightarrow{CD} = (4,12) + \left(\frac{2+3\sqrt{3}}{2}, \frac{-3+2\sqrt{3}}{2}\right) = \left(\frac{10+3\sqrt{3}}{2}, \frac{21+2\sqrt{3}}{2}\right)$$

$$D = \left(\frac{10+3\sqrt{3}}{2}, \frac{21+2\sqrt{3}}{2}\right)$$

i) Dados os complexos $z_1 = 3+4i$ e $z_2 = 5-2i$, escreva:
   a) A equação do segmento de reta que passa por z_1 e z_2;
   b) A equação da reta que passa por z_1 e z_2;
   c) A equação da reta mediatriz dos afixos de z_1 e z_2;

Solução:
   a) $z_1 = (3,4) = A$ e $z_2 = (5,-2) = B$, assim, seja $\vec{v}$ o vetor que une A à B,
      $\vec{v} = B - A = (5,-2) - (3,4) = (2,-6)$, mas como sabemos, essa é a representação do vetor que possui uma extremidade na origem, para representarmos o segmento AB, devemos fazer,
      $\vec{v} = B - A \Rightarrow B = A + \lambda\vec{v}$, onde λ varia de 0 até 1.
   b) Do item anterior, basta que façamos λ variar podendo assumir qualquer valor real, dessa maneira estaremos o ponto (x,y) estará sobre a reta que passa por AB,
      $B = A + \lambda\vec{v} \Rightarrow (x,y) = (3,4) + \lambda(2,-6), \lambda \in \mathbb{R}$
   c) Mediatriz é a reta perpendicular a um segmento que passa pelo seu ponto médio. Isso posto, temos que o ponto médio de AB é $M = \frac{1}{2}(A+B) = \frac{1}{2}(3+5, 4-2) = (4,1)$ e para obtermos o vetor perpendicular à $\vec{v}$, basta multiplica-lo por i, assim, $\vec{v}_\perp = (2-6i)(i) = 6+2i = (6,2)$, desse modo a equação da mediatriz será dada por: $X = M + \lambda\vec{v}_\perp \Rightarrow (x,y) = (4,1) + \lambda(6,2), \lambda \in \mathbb{R}$.

j) (IME) Um velho manuscrito descrevia a localização de um tesouro enterrado: "Há somente duas árvores, A e B em um terreno plano, e um canteiro de tomates. A é uma mangueira e B é uma jaboticabeira. A partir do centro K do canteiro, ande em linha reta até a mangueira medindo os seus passos. Vire 90 graus à esquerda e percorra a mesma distância medida até o ponto C. Volte ao canteiro. Ande medindo a distância em linha reta até a jaboticabeira. Vire 90 graus a direita e percorra a mesma distância até o ponto D. O tesouro está no ponto médio T do segmento CD."

Um aventureiro achou o manuscrito, identificou as árvores mas, como o canteiro desaparecera com o passar do tempo, não conseguiu localiza-lo, e desistiu da busca. O aluno Sá Bido, do IME, nas mesmas condições, diz que seria capaz de localizar o tesouro.

Mostre como você resolveria o problema, isto é, dê as coordenadas de T em função das coordenadas de A(5,3) e B(8,2).

Solução:

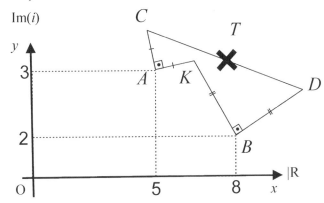

Seja $K(x, y)$ o ponto procurado, assim, vamos encontrar os pontos C e D,

O ponto C é a ponta do vetor $\overrightarrow{AC}$, que pode ser obtida pela rotação do vetor $\overrightarrow{AK}$ em torno do ponto A de um ângulo de 90° no sentido anti-horário, assim,

$\overrightarrow{AK} = K - A = (x,y) - (5,3) = (x-5, y-3) = (x-5) + (y-3)i$, para girar o vetor de 90°, basta multiplica-lo por i ($i = e^{\frac{\pi}{2}i}$), assim,

$\overrightarrow{AC} = \overrightarrow{AK}.i = [(x-5)+(y-3)i]i = (-y+3)+(x-5)i = (-y+3, x-5)$, ainda como $\overrightarrow{AC} = C - A$, temos,

$C = A + \overrightarrow{AC} = (5,3) + (-y+3, x-5) = (8-y, x-2)$, fazendo o mesmo para o ponto D,

$\overrightarrow{BK} = K - B = (x,y) - (8,2) = (x-8, y-2) = (x-8) + (y-2)i$, por tanto,

$\overrightarrow{BD} = \overrightarrow{BK}.(-i) = [(x-8)+(y-2)i](-i) = (y-2)+(-x+8)i = (y-2, -x+8)$

$D = B + \overrightarrow{BD} = (8,2) + (y-2, -x+8) = (y+6, -x+10)$, finalmente, temos que o ponto T pode ser calculado como,

$T = \frac{1}{2}[C+D] = \frac{1}{2}[(8-y, x-2)+(y+6, -x+10)] = \frac{1}{2}[(8-y+y+6, x-2+-x+10)] = (7,4)$

$T = (7,4)$

k) (Lidski) Considere os complexos z tais que $\left|z+\dfrac{1}{z}\right|=1$. Determine o valor máximo de $|z|$.

Solução:

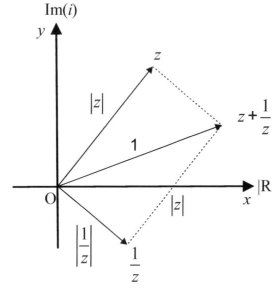

Seja o triângulo de lados, 1, $|z|$ e $\left|\dfrac{1}{z}\right|$, da condição de existência do triângulo, podemos escrever,

$$0<|z|\leq 1+\dfrac{1}{|z|} \Rightarrow |z|^2-|z|-1\geq 0$$

$$0<|z|\leq \dfrac{1+\sqrt{5}}{2} \therefore |z|_{máx}=\dfrac{1+\sqrt{5}}{2}$$

Bibliografia

Livros:

ABEL, N. H.,	*Oeuvres Complètes de N. H. ABEL, TOME SECOND.* Christiania, 1839.
ABLOWITZ, Mark J., FOKAS, Athanassios S.,	*Complex Variables – Introduction and Applications – Second Edition.* 2nd Edition, Cambridge University Press, 2003.
ABRAMOWITZ, Milton, STEGUN, Irene,	*Handbook of Mathematical Functions – with Formulas, Graphs, and Mathematical Tables.* 1970.
AGARWAL, Amit M.,	*Integral Calculus – Be Prepared for JEE Main & Advanced.* Arihant Prakashan, Meerut, 2018.
AHLFORS, Lars V.,	*Complex Analysis.* 3rd Edition, McGraw-Hill, 1979.
ALSAMRAEE, Hamza E.,	*Advanced Calculus Explores with Applications in Physics, Chemistry and Beyond.* Curiousmath.publications@gmail.com , 2019.
ANDREESCU, Titu, ANDRICA, Dorin,	*Complex Number from A to ... Z.* Birkhäuser, 2006.
ANDREESCU, Titu, GELCA, Razvan,	*PUTNAM and BEYOND.* Springer, 2007.
ANDREWS, George E., ASKEY, Richard, ROY, Ranjan,	*Special Functions.* Cambridge University Press, 1999.
ANDREWS, Larry C.,	*Special Functions for Engineers and Applied Mathematicians.* Macmillan, 1985.
ARAKAWA, Tsuneo, IBUKIYAMA, Tomoyoshi, KANEKO, Masanobu,	*Bernoulli Numbers and Zeta Functions.* Springer Japan, 2014.

ARTIN, Emil,	*The Gamma Function.* Trad. Michael Butler, Holt, Rinehart and Winston, 1964.
ASMAR, Nakhlé H., GRAFAKOS, Loukas,	*Complex Analysis with Applications.* Springer, 2018.
ÁVILA, Geraldo,	*Variáveis Complexas e Aplicações.* 3a Edição, LTC, 2008.
BACHMAN, David,	*Advanced Calculus DeMystified – Self-Teaching Guide.* McGraw-Hill, 2007.
BACHMAN, David,	*A Geometric Approach to Differential Forms.* Birkhauser, 2006.
BAILEY, W. N.,	*Generalized Hypergeometric Series.* Stechert-Hafner Service Agency, 1964.
BAK, Joseph, Newman, Donald J.,	*Complex Analysis.* 3rd Edition, Springer, 2010.
BARTLE, Robert G.,	*A Modern Theory of Integration.* American Mathematical Society, 2001.
BATEMAN, Harry,	*Higher Transcendental Functions, volume 1 – based, in part, on notes left by Harry Bateman.* McGraw-Hill, 1953.
BATEMAN, Harry,	*Higher Transcendental Functions, volume 2 – based, in part, on notes left by Harry Bateman.* McGraw-Hill, 1953.
BATEMAN, Harry,	*Higher Transcendental Functions, volume 3 – based, in part, on notes left by Harry Bateman.* McGraw-Hill, 1953.
BELL, W. W.,	*Special Functions for Scientists and Engineers.* D. Van Nostrand Company LTD, 1968.
BERNOULLI, Jacobi,	*Ars Conjectandi.* Opus Posthumum, Basilea, 1721.
BOROS, George, MOLL, Victor H.,	*Irresistible Integrals – Symbolics, Analysis and Experiments in the Evaluation of Integrals.* Cambridge University Press, 2004.

BORTOLAN, Matheus Cheque,	*Notas de Aula: Cálculo.* Departamento de matemática – MTM, Universidade Federal de Santa Catarina – UFSC, Florianópolis, 2015.
BOURBAKI, Nicolas,	*Elements of the History of Mathematics.* 2nd Edition, Springer, 1999.
BOURBAKI, Nicolas,	*Elements of Mathematics – Algebra I – Chapters 1 – 3.* Springer Verlag, 1970.
BOURBAKI, Nicolas,	*Elements of Mathematics – Algebra II – Chapters 4 – 7.* Springer Verlag, 1970.
BOURBAKI, Nicolas,	*Elements of Mathematics – Functions of a Real Variable.* Springer Verlag, 2004.
BOYER, Carl B., MERZBACH, Uta C.,	*História da Matemática.* Tradução da 3ª Edição, Editora Edgard Blücher, 2018.
BOYER, Carl B.,	*The History of the Calculus and its Conceptual Development.* Dover, 1959.
BROWN, James Ward, CHURCHILL, Ruel V.,	*Variáveis Complexas e Aplicações.* 9ª Edição, McGraw-Hill, 2015.
BRYCHKOV, Yury A.,	*Handbook of Special Functions – Derivatives, Integrals, Series and other Formulas.* CRC Press, 2008
BURDEN, Richard L., FAIRES, Douglas J., BURDEN, Annette M.,	*Numerical Analysis.* 10th Edition, CENGAGE Learning, 2016.
BUTKOV, Eugene,	*Mathematical Physics.* Addison-Wesley, 1973.
CABRAL, Marco A. P.,	*Introdução à Teoria da Medida e Integral de Lebesgue.* 3ª Edição, Instituto de Matemática, Universidade Federal do Rio de Janeiro, 2016.

CAMPBELL, Robert,	*Les Intégrales Eulériennes et leurs Applications – Étude Approfondie de la Fonction Gamma.* Dunod, Paris, 1966.
CANDELPERGHER, B.,	*Ramanujan Summation of Divergent Series. Lectures notes in mathematics,* 2185, 2017. Hal-01150208v2.
CANUTO, Claudio, TABACCO, Anita,	*Mathematical Analysis II.* Springer, 2010.
CARATHÉODORY, C.,	*Theory of Functions of a Complex Variable – Volume I.* Chelsea Publishing Company, New York, 1954.
CARATHÉODORY, C.,	*Theory of Functions of a Complex Variable – Volume II.* Chelsea Publishing Company, New York, 1954.
CARSLAW, H. S.,	*Introduction to the theory of Fourier's series and Integrals.* 3rd Edition, Dover, 1930.
CORRÊA, Francisco Júlio Sobreira de Araújo,	*Introdução à Análise Real.*
COURANT, Richard,	*Differential & Integral Calculus – Volume I.* 2nd Edition, Blackie & Son Limited, 1937.
COURANT, Richard,	*Differential & Integral Calculus – Volume II.* 2nd Edition, Blackie & Son Limited, 1937.
COURANT, Richard, HILBERT, D.,	*Methods of Mathematical Physics.* Interscience Publishers, 1953.
COURANT, Richard, HILBERT, D.,	*Methods of Mathematical Physics – Volume II – Partial Differential Equations.* Wiley-VCH Verlag, 1962.
COURANT, Richard, ROBBINS, Herbert,	*What is Mathematics?(revised by Ian Stewart).* 2nd Edition, Oxford University Press, 1996.
CUNHA, Haroldo Lisbôa da,	*Pontos de Álgebra Complementar – Teoria das Equações.* Rio de Janeiro, 1939.

DEMIDOVITCH, B., *5000 Problemas de Análisis Matemático.* 9a Edición, Thomson, 2003.

DEMIDOVITCH, B., *Problemas e Exercícios de Análise Matemática.* 4ª Edição, Mir, U.R.S.S., 1984.

DEVRIES, Paul L., *A First Course in Computatonal Physics.* John Wiley & Sons, Inc., 1994.

DOOB, J.L., Heinz, E., HIRZEBRUCH, F., HOPF, E., HOPF, H., MAAK, W., MAGNUS, W., SCHMIDT, F.K., STEIN, K., *Mathematischen Wissenschaften in Einzeldarstellungen mit Besonderer Berucksichtigung der Anwendungsgebiete.* Band 2, Springer Verlag, 1964.

DUNHAM, William, *Euler, The Master of Us All.* The Mathematical Society of America.

EDAWADS, Harold M., *Advanced Calculus – A Differential Forms Approach.* Birkhäuser, 1969.

EDWARDS, Joseph, *A Treatise on the Integral Calculus – with applications, examples and problems.* Volume II, Macmillan and Co., London, 1922.

EDWARDS, Joseph, *A Treatise on the Integral Calculus – with Applications, Examples and Problems – Volume II.* Macmilland and Co., 1922.

EPPERSON, James F., *An Introduction to Numerical Methods and Analysis.* 2nd Edition, Wiley, 2013.

FERREIRA, J. Campos, *Introdução à Análise em R^n.* 2004

FIGUEIREDO, Djairo Guedes de, *Equações Diferenciais Aplicadas.* IMPA.

GARRITY, Thomas A., *Eletricity and Magnetism for Mathematicians.* Cambridge University Press, 2015.

GARRITY, Thomas A., *All the Mathematics You Missed.* Cambridge University Press, 2002.

GASPER, George, RAHMAN, Mizan,	*Basic Hypergeometric Series – Second Edition.* Cambridge University Press, 2004.
GIRARD, Albert,	*Invention nouvelle en L'Algebre.* A Amsterdam. Chez Guillaume Iansson Blaeuw, 1629.
GRAY, Jeremy,	*The Real and The Complex: A History of Analysis in the 19th Century.* Springer, 2015.
GUIDORIZZI, Hamilton Luiz,	*Um Curso de Cálculo – Volume 1.* 5ª Edição, LTC, 2001.
GUIDORIZZI, Hamilton Luiz,	*Um Curso de Cálculo – Volume 2.* 5ª Edição, LTC, 2001.
GUIDORIZZI, Hamilton Luiz,	*Um Curso de Cálculo – Volume 3.* 5ª Edição, LTC, 2001.
GUIDORIZZI, Hamilton Luiz,	*Um Curso de Cálculo – Volume 4.* 5ª Edição, LTC, 2001.
GUIMARÃES, Caio dos Santos,	*Números Complexos e Poliômios. Vestseller.*
GUZMÁN, Miguel de,	*Real Variable Methods in Fourier Analysis.* North-Holland, 1981.
GUZMÁN, Miguel de,	*Lecture Notes in Mathematics – Differentiation of Integrals in R^n.* Springer Verlag, 1975.
HARDY, G. H.,	*Divergent Series.* Oxford, 1949.
HARDY, G. H., AIYAR, P.V. Seshu, WILSON, B.M.,	*Collected Papers of SRINIVASA RAMANUJAN.* Cambridge University Press, 1927.
HARDY, G. H.,	*The Integration of Functions of a Single Variable.* 2nd Edition, Cambridge University Press, 1916.
HAVIL, Julian,	*GAMMA – Exploring Euler's Constant.* Princeton University Press, 2003.
HENRICI, Peter,	*Applied And Computational Complex Analysis, vol.3 – Discrete Fourier Analysis – Cauchy Integrals – Construction of Conformal Maps – Univalent Functions.* John Wiley & Sons, 1986.
HOLZNER, Steven,	*Differential Equation for Dummies.* Wiley, 2008.
HOLZNER, Steven,	*Differential Equation Workbook for Dummies.* Wiley, 2009.

HUNTER, John K.,	*An Introduction to Real Analysis.* Department of Mathematics, University of California at Davis.
ISAACSON, Eugene, KELLER, Herbert Bishop,	*Analysis of Numerical Methods.* John Wiley & Sons, 1966.
JAMES, J. F.,	*A Student's Guide to Fourier Transforms – with Applications in Physics and Engineering.* 3rd Edition, Cambridge University Press, 2011.
KALMAN, Dan,	*Uncommon Mathematical Excursions – Polynomia and Related Realms.* The Mathematical Association of America, 2009.
KNOPP, Konrad,	*Theory and Application of Infinite Series.* From 2nd German Edition, Blackie & Son, 1954.
KRANTZ, Steven G., PARKS, Harold R.	*A Mathematical Odyssey – Journey from the Real to the Complex.* Springer, New York, 2014.
KRANTZ, Steven G.,	*Complex Variables – A Physical Approach with Applications – Second Edition.* 2nd Edition, CRC Press, 2019.
KRANTZ, Steven G.,	*Elementary Introduction to the Lesbegue Integral.* CRC Press, 2018.
KRANTZ, Steven G.,	*The Theory and Practice of Conformal Geometry.* Dover, 2016.
KRANTZ, Steven,	*Handbook of Complex Variables.* Springer Science+Business Media, 1999.
KUMMER, Ernst Eduard	*Collected Papers, Volume I – Contributions to Number Theory.* Springer Verlag, 1975.
LEBEDEV, N. N.,	*Special Functions and their Applications.* Prentice-Hall, 1965.
LEVI, Mark,	*The Mathematical Mechanic.* Princeton University Press, 2009.
LEWIN, Leonard,	*Polylogarithms and Associated Functions.* North Holland, 1981.
LIDSKI, V. B., OVSIANIKOV, L. V.,	*Problemas de Matematicas Elementales.* MIR, Moscou, 1972.

TULAIKOV, A. N.,

SHABUNIN, M. I.,

LIMA, Elon Lages,   *Curso de Análise – volume 1.* IMPA, 2009.

LIMA, Elon Lages,   *Curso de Análise – volume 2.* IMPA, 2009.

LIMA, Elon Lages,   *Análise no Espaço R^n.* IMPA, 2014.

LOCKWOOD, E. H.,   *A Book of CURVES.* Cambridge University Press, 1961.

MARKUSHEVICH, A. I.,   *Theory of Functions of a Complex Variable – Volume I.* Prentice-Hall, 1965.

MARKUSHEVICH, A. I.,   *Theory of Functions of a Complex Variable – Volume III.* Prentice-Hall, 1965.

MATHAI, A. M.,   *Special Functions for Appleid Scientists.* Springer, 2008.

HAUBOLD, Hans J.,

MATHEWS, John H.,   *Complex Analysis for Mathematics and Engineering.* Jones and

HOWELL, Russel W.,   Bartlett Publishers, 1997.

MITRINOVIC, Dragoslav S.,   *The Cauchy Method of Residues – Theory and Applications.* D.

KECKIÉ, Jovan D.,   Reidel Publishing Company, 1984.

NAHIN, Paul J.,   *Inside Interesting Integrals – with an introduction to contour integration.* Springer, 2015.

NEEDHAM, Tristan,   *Visual Complex Analysis.* Clarendon Press, 1997.

NIELSEN, Niels,   *Handbuch der Theorie der GAMMAFUNKTION.* Druck und Verlag von B. G. Teubner, Leipzig, 1906.

PENROSE, Roger,   *The Road to Reality. A Complete guide to the Laws of the Universe.* Jonathan Cape, London, 2004.

PINEDO, Christian Q.,   *Cálculo Diferencial em R.* Editora da Universidade Federal do Acre (EDUFAC), 2016.

PISKUNOV, N.,   *Differential and Integral Calculus.* Mir Publishers, Moscow, 1969.

POLCHINSKI, Joseph,	*String Theory – An Introduction to the Bosonic String - Volume 1.* Cambridge University Press, 2005.
RAHMAN, Mizan,	*Theory and Applicantions of Special Functions – A volume dedicated to Mizan Rahman – Edited by Mourad E. H. Ismail and Erik Koelink.* Springer, 2005.
RAINVILLE, Earl D.,	*Special Functions.* The Macmillan Company, New York, 1960.
RAMANUJAN, S., BERNDT, Bruce C.,	*Ramanujan's Notebooks Part 1.* Springer Verlag, 1985.
RITT, Joseph Fels,	*Integration in Finite Terms – Lioville's Theory of Elementary Methods.* Columbia University Press, 1948.
ROY, Ranjan,	*Elliptic and Modular Functions from Gauss to Dedekind to Hecke* Cambridge University Press, 2017.
RUDIN, Walter,	*Real and Complex Analysis.* 3rd Edition, McGraw-Hill, 1987.
SAFF, Edward B., SNIDER, Arthur David,	*Fundamentals of Complex Analysis with applications to Engineering and Science – Third Edition.* 3rd Edition, Pearson Education, 2014.
SASANE, Sara Maad, SASANE, Amol,	*A Friendly Approach to Complex Analysis.* World Scientific Publishing Co. Pte. Ltd., 2014.
SIMMONS, George F.,	*Cálculo com Geometria Analítica – Volume 1.* McGraw-Hill.
SIMMONS, George F.,	*Cálculo com Geometria Analítica – Volume 2.* McGraw-Hill.
SIMPSON, Thomas,	*Miscellaneous Tracts on Some Curious, and very interesting Subjects in Mechanics, Physical-Astronomy, and Speculative Mathematics.* London, 1757.
SLATER, Lucy Joan,	*Generalized Hypergeometric Functions.* Cambridge University Press, 1966.
SLAVÍK, Antonín,	*Product Integration, Its History and Applications.* Matfyzpress, Prague, 2007.

SMIRNOV, Gueorgui V.,	*Análise Complexa e Aplicações.* Escolar Editora, 2003.
SMITH, David Eugene,	*A Source Book in Mathematics.* Volume One, Dover, New York, 1959.
SMITH, David Eugene,	*A Source Book in Mathematics.* Volume Two, Dover, New York, 1959.
SOARES, Marcio G.,	*Cálculo em uma Variável Complexa.* IMPA, 2014.
SPIEGEL, Murray R.,	*Theory and Problems of Complex Variables with an introduction to Conformal Mapping and its application.* McGraw-Hill, 1981.
SPIEGEN, Murray R., LIPSCHUTZ, Seymour, SCHILLER, John J., SPELLMAN, Dennis,	*Complex Variables with an introduction to Conformal Mapping and its Applications.* 2nd Edition, McGraw-Hill, 2009.
STALKER, John,	*Complex Analysis – Fundamentals of the Classical Theory of Functions.* Springer, 1998.
STEIN, Elias M., SHAKARCHI, Rami,	*Complex Analysis.* Princeton University Press, 2003.
STEIN, Elias M., SHAKARCHI, Rami,	*Fourier Analysis – An Introduction.* Princeton University Press, 2003.
STEIN, Elias M., SHAKARCHI, Rami,	*Functional Analysis Introduction to Further Topics in Analysis.* Princeton University Press. 2011.
STEIN, Elias M., SHAKARCHI, Rami,	*Real Analysis – Mesure Theory, Integration, and Hilbert Spaces.* Princeton University Press, 2005.
STEWART, James,	*Cálculo – Volume 1.* 5a Edição, 2006.
STEWART, James,	*Cálculo – Volume 2.* 5a Edição, 2006.
TAO, Terence,	*An Introduction to Measure Theory.* American Mathematical Society.

TEMME, Nico M.,	*Special Functions – An introduction to the Classical Functions of Mathematical Physics.* John Wiley & Sons, 1996.
TITCHMARSH, E. C.,	*The Theory of Functions.* 2nd Edition, Oxford University Press, 1939.
TITCHMARSH, E. C.,	*The Theory of the RIEMANN ZETA-FUNCTION.* 2nd Edition, Clarendon Press, 1986.
VALEAN, Cornel Ioan,	*(Almost) Impossible Integrals, Sums, and Series.* Springer Verlag, 2019.
VOLKOVYSKII, L. I., LUNTS, G.L., ARAMANOVICH, I. G.,	*A Collection of Problems on COMPLEX ANALYSIS.* Pergamon Press, Oxford, 1965.
WARNER, Steve,	*Mathematics for Beginners.* GET 800, 2018.
WEINHOLTZ, A. Bivar,	*Integral de Riemann e de Lebesgue em R^n.* 4ª Edição, Universidade de Lisboa, Departamento de Matemática, 2006.
WHITTAKER, E. T., WATSON, G.N.,	*A Course of Modern Analysis.* Cambridge University Press, 5th Edition, 2021.
WILF, Herbert S.,	*Mathematics for the Physical Sciences.* Dover, New York, 1962.
WOODS, Frederick S.,	*Advanced Calculus.* New Edition, Ginn and Company, 1934.
WUNSCH, A. David,	*Complex Variables with Applications – Third Edition.* 3nd Edition, Pearson Education, 2003.
ZEGARELLI, Mark,	*Calculus II for Dummies.* Wiley Publishing Inc, 2008.
ZILL, Dennis G., SHANAHAN, Patrik D.,	*Curso Introdutório à Análise Complexa com Aplicações.* 2ª Edição, LTC, 2011.

Artigos e Trabalhos Acadêmicos:

AGUILERA-NAVARRO, Maria Cecília K.,

AGUILERA-NAVARRO, Valdir C., FERREIRA, Ricardo C.,

TERAMON, Neuza,

A função zeta de Riemann.

AHMED, Zafar,

Ahmed's Integral: The Maiden Solution. Bhabha Atomic Research Centre (BARC) Newsletter, Issue no.342, nov-dec 2014.

AHMED, Zafar,

Ahmed's Integral: The Maiden Solution. Nuclear Physics Division, Bhabha Atomic Research Centre, Mumbai, India. arXiv:1411.5169v2 [math.HO] 1 Dec 2014. **http://arxiv.org/abs/1411.5169v2**.

AMDEBERHAN, T.,

GLASSER, M. L.,

JONES, M. C.,

MOLL, V. H.,

POSEY, R.,

VARELA, D.,

The Cauchy-Schlömilch Transformation.

arXiv:1004.2445v1 [math.CA] 14 Apr 2010.

http://arxiv.org/abs/1004.2445v1

AMDEBERHAN, Tewodros,

COFFEY, Mark W.,

ESPINOSA, Olivier,

KOUTSCHAN, Christoph,

MANNA, Dante V.,

MOLL, Victor H.,

Integrals of Powers of Loggamma. Proceedings of the American mathematical Society. Volume 139, Number 2, February 2011, Pages 535-545. American Mathematical Society.

AMDEBERHAN, Tewodros, ESPINOSA, Olivier, GONZALEZ, Ivan, HARRISON, Marshall, MOLL, Victor H., STRAUB, Armin, *Ramanujan's Master Theorem.*

ANDRADE, Lenimar N., *Funções de uma variável complexa. Resumo e Exercícios.* Universidade Federal da Paraíba, João Pessoa, setembro de 2009.

ANDRADE, Doherty, *Teorema de Taylor.*

APLELBLAT, Alexander, CONSIGLIO, Armando, MAINARDI, Francesco, *The Bateman Functions Revisited after 90 years – A Survey of Old and New Results.* Mathematics 2021, 9, 1273. https://doi.org/10.3390/math9111273

APOSTOL, Tom M., *An Elementary View of Euler's Summation Formula.* The American Mathematical Monthly, Vol.106, No.5 (May, 1999), pp. 409-418. Mathematical Association of America. http://www.jstor.org/stable/2589145?origin=JSTOR-pdf

APOSTOL, Tom M., *Another Elementary Proof of Euler's Formula for z(2n).* The American Mathematical Monthly, Vol.80, No.4, April 1973, pp. 425-431. Mathematical Association of America. **http://www.jstor.org/stable/2319093**

ARIAS-DE-REYNA, Juan, *On the theorem of Frullani.* Proceedings of the American Mathematical Society, Volume 109, Number 1, May 1990.

ÁVILA, Geraldo, *Evolução dos Conceitos de Função e de Integral.* Departamento de Matemática da Universidade de Brasília.

AYCOCK, Alexander, *Euler and the Gamma Function.* arXiv:1908.01571v5 [math.HO] 3 May 2020.

AYCOCK, Alexander,	*Euler and the Multiplication Formula for the Γ-Function.* arXiv:1901.03400v1 [math.HO] 10 Jan 2019. **http://arxiv.org/abs/1901.03400v1**
AYCOCK, Alexander,	*Note on Malmstèn's paper De Integralibus quibusdam definitis seriebusque infinitis.* arXiv:1306.4225v1 [math.HO] 16 Jun 2013. **http://arxiv.org/abs/1306.4225v1**
AYCOCK, Alexander,	*Translation of C. J. Malmstèn's paper "De Integralibus quibusdam definitis seriebusque infinitis".* arXiv:1309.3824v1 [math.HO] 16 Sep 2013. **http://arxiv.org/abs/1309.3824v1**.
BAILEY, David H., BORWEIN, David, BORWEIN, Jonathan M.,	*On Eulerian Log-Gamma Integrals and Tornheim-Witten Zeta Functions.* July 28, 2012.
BASHIROV, Agamirza E., KURPINAR, Emine Misirli, Özyapici, Ali,	*Multiplicative calculus and its applications.* Journal of Mathematical Analysis and Applications, 337 (2008) pp. 36-48. Elsevier.
BELOQUI, Jorge Adrian,	*Teoremas de Fubini e Tonelli.* IME-USP. MAT0234 Medida e Integração.
BERDT, Bruce C.,	*The Gamma Function and the Hurwitz Zeta-Function.* The American Mathematical Monthly, Vol.92, No.2, February 1985, pp. 126-130.
BERGAMO, José Vinícius Zapte,	*Teoria de Funções Elípticas e Aplicações em Soluções de Sistemas Periódicos em Mecânica.* Dissertação de Mestrado. Instituto de Geociências e Ciências Exatas da Universidade Estadual Paulista. Rio Claro, 2018.
BHATNAGAR, Shobhit,	*Integral and Series – Fourier Series of the Log-Gamma Function and Vardi's Integral.* June 1, 2020.
BHATNAGAR, Shobhit,	*Integrals and Series – Bernoulli numbers and a related integral.* April 19, 2020.

BIANCONI, Ricardo,	*Séries de Fourier.* Novembro 2016.
BLAGOUCHINE, Iaroslav V.,	*Rediscovery of Malmsten's integrals, their evaluation by contour integration methods and some related results.* The Ramanujan Journal. January 2014. Springer.
BONGARTI, Marcelo, LOZADA-CRUZ, German,	*Alguns Teoremas do Tipo Valor Médio: De Lagrange a Malesevic.* Revista Matemática Universitária, vol.1, 2021. Sociedade Brasileira de Matemática.
BYTSKO, Andrei G.,	*Two-term dilogarithm identities related to conformal field theory.* Steklov Mathematics Institue, Fontanka 27, St. Petersburg 191011, Russia. November 1999. arXiv:math-ph/9911012v2 10 Nov 1999 http://arxiv.org/abs/math-ph/9911012v2
CABRAL, Marco A. P.,	*Introdução à Teoria da Medida e Integral de Lebesgue.* Departamento de Matemática Aplicada da Universidade Federal do Rio de Janeiro. Rio de Janeiro, setembro de 2009.
CANDELPERGHER, B.,	*Ramanujan summation of divergent series.* Lectures notes in mathematics, 2185, 2017. Hal-01150208v2. https://hal.univ-cotedazur.fr/hal-01150208v2
CARRILLO, Sergio A.,	*Where did the examples of Abel's continuity theorem go?* Programa de Matemáticas, Universidad Sergio Arboleda, Bogotá, Colombia. arXiv:2010.10290v1 [math.HO] 19 Oct 2020. http://arxiv.org/abs/2010.10290v1
CAVALHEIRO, Albo Carlos,	*Integrais Impróprias.* Departamento de Matemática da Universidade Estadual de Maringá.
CHATTERJEE, Neil, NITA, Bogdan G.,	*The Hanging Cable Problem for Practical Applications.* Atlantic Eletronic, Journal of Mathematics, Volume 4, Number 1, Winter 2010.

CHOI, Junesang, SRIVASTAVA, Harl Mohan, *Integral Representations for the Euler-Mascheroni Constant.* East Asian Mathematical Journal, Integral Transforms and Special Functions, Vol.21, No.9, September 2010, pp. 675-690.

COELHO, Emanuela Régia de Souza, *Introdução à Integral de Lebesgue.* Centro de Ciências e Tecnologia da Universidade Estadual da Paraíba, Campina Grande, julho de 2012.

COLOMBO, Jones, *Conexões entre Curvas e Integrais Elípticas.* 4º Colóquio da Região Centro-Oeste Universidade Federal Fluminense, novembro 2015.

CONNON, Donal, *Fourier Series representations of the logarithms of the Euler gamma function and the Barnes multiple gamma.* 25 March 2009. https://www.researchgate.net/publication/24166964

CONNON, Donal, *New proofs of the duplication and multiplication formulae for the gamma and the Barnes double gamma functions.* April 2009. https://www.researchgate.net/publication/24167180.

CONRAD, Keith, *Boudary Behavior of Power Series: Abel's Theorem.*

CONRAD, Keith, *The Gaussian Integral.*

COUTO, Roberto Toscano, *Comentários sobre integrais impróprias que representam grandezas físicas.* Revista Brasileira de Ensino de Física, v. 29, n. 3, p. 313-324 (2007). Sociedade Brasileira de Física.

CRANDALL, Richard E., BUHLER, Joe P., *On the Evaluations of Euler Sums.* Experimental Mathematics, Vol.3 (1994), no.4. A K Peters.

DAVIS, Philip J., *Leonard Euler's Integral: A Historical Profile of the Gamma Function: In Memoriam: Milton Abramowitz.* The American Mathematical Monthly, Vol.66, no.10, December 1959, pgs 849-869. The Mathematical Association of America.

DURAN, Franciéli,	*Transformações de Moebius e Inversões.* Dissertação de Mestrado Profissionalizante. Instituto de Geociências e Ciências Exatas da Universidade Estadual Paulista. Rio Claro 2013.
EREMENKO, A.,	*Abel's Theorem.* October 24, 2020.
FEHLAU, Jens,	*The Fractional Derivatives of the Riemann Zeta and Dirichlet Eta Function.* Dissertação de Mestrado. Institute of Mathematics and Science, University of Potsdam. 02.03.2020.
FERNANDES, Rui Loja,	*O Integral de Lebesgue.* Departamento de Matemática do Instituto Superior Técnico. Lisboa, Outubro de 2004.
FRIEDMANN, Tamar, HAGEN, C. R.,	*Quantum Mechanical Derivation of the Wallis Formula for* π. arXiv:1510.07813v2 [math-ph] 21 Dec 2015. http://arxiv.org/abs/1510.07813v2
GAELZER, Rudi,	*Física-Matemática.* Apostila preparada para as disciplinas de Física-Matemática ministradas para os cursos de Física da Universidade Federal do Rio Grande do Sul, Porto Alegre. Maio de 2021.
GESSEL, Ira M.,	*Lagrange Inversion.* Department of Mathematics, Brandeis University, Waltham, MA, 2016.
GLASSER, M. L.,	*A Remarkable Property of Definite Integrals.* Mathematics of Computations, Volume 40, Number 162, April 1983.
GRIGOLETTO, E. Contharteze, OLIVEIRA, E. Capelas,	*A note on the inverse Laplace Transform.* Cadernos do IME – Série Matemática, no.12, 2018. https://doi.org/10.12957/cadmat.2018.34026
GUALBERTO, Mateus Medeiros,	*Teorema dos Resíduos e Aplicações.* Centro de Ciências Exatas e Sociais Aplicadas da Universidade Estadual da Paraíba. Patos, 2018.
GUIDORIZZI, Hamilton Luiz,	*Sobre os Três Primeiros Critérios, da Hierarquia de De Morgan, para Convergência ou Divergência de Séries de Termos Positivos.* Matemática Universitária no.13, junho de 1991, pgs. 95-104.

HANNAH, Julie Patricia,	*Identities for the gamma and hypergeometric functions: an overview from Euler to the present.* Dissertação de Mestrado. South Africa, School of Mathematics, University of the Witwatersrand, Johannesburg, 2013.
HENRICI, Peter,	*An Algebraic Proof of the Lagrange-Burmann Formula.* Journal of Mathematical Analysis and Applications 8, pp. 218-224, 1964.
JENSEN, J. L. W. V., GRONWALL, T. H.,	*An Elementary Expositon of the Theory of the Gamma Function.* Annals of Mathematics, Mars 1916, Second Series, Vol.17, no.3, pp. 124-166. Mathematics Department, Princeton University. **https://www.jstor.org/stable/2007272**
JOLEVSKA-TUNESKA, Biljana, FISHER, Brian, ÖZÇAG, Emin,	*On the dilogarithm integral.* January 2011. https://www.researchgate.net/publication/266860797
KARLSSON, H. T., BJERLE, I.,	*A Simple Approximation of the Error Function.* Computers and Chemical Enginneering Vol.4, pp 67-68. Perganon Press Ltd, 1980.
KASPER, Toni,	*Integration in Finite Terms: The Liouville Theory.* ACM SIGSAM Bulletin, september 1980.
KIRILLOV, Anatol,	*Dilogarithm Identities.* Progress of Theoretical Physics Supplement, No.118, pp. 61-142, 1995.
KOYAMA, Shin-ya, KUROKAWA, Nobushige,	*Kummer's Formula for Multiple Gamma Functions.* Presented at the conference on "Zetas and Trace Formulas" in Okinawa, November 2002.
KUMMER, E. E.,	*Beitrag zur Theorie der Function $\Gamma(x)$.*
LAGARIAS, Jeffrey C.,	*Euler's Constant: Euler's work and modern developments.* Bulletin of the American Mathematical Society, Volume 50, Number 4, October 2013, Pages 527-628.

LARSON, Nathaniel,	*The Bernoulli Numbers: A Brief Primer. May 10, 2019.*
LAUREANO, Rosário, SOARES, Helena, MENDES, Diana,	*Caderno: Análise Complexa.* Engenharia de Telecomunicações e Informática – Engenharia de Informática 1º ano – Análise Matemática II, Departamento de Métodos Quantitativos, Maio de 2001.
LEITE, Amarildo de Paula,	*Funções Elementares de Primitiva não Elementar.* Dissertação de Mestrado Profissional. Departamento de Matemática da Universidade Estadual de Maringá. Maringá 2013.
LERCH, M.,	*Sur un point de la Théorie des Fonctions Génératrices d'Abel.* Acta mathematica 27, 22 janvier 1903.
LUCAS, Stephen K.,	*Integral Proofs that 355/113 > π.* School of Mathematics and Statistics, university of South Australia, Mawson Lakes SA 5095. March 2005.
MARCHISOTTO, Elena, ZAKERI, Gholam-Ali,	*An Invitation to Integration in Finite Terms.* The College Mathematics Journal, Vol.25 no.4, september 1994. Mathematical Association of America. https://www.researchgate.net/publication/262047949
MEDEIROS, Luis Adauto, MELLO, Eliel Amancio de, MEDEIROS, Paulo Adauto,	*A Integral de Lebesgue.* 6ª Edição. Instituto de Matemática da Universidade Federal do Rio de Janeiro. Rio de Janeiro, 2008. *Centenário da Integral de Lebesgue.* Texto de conferências ministradas no Instituto de Matemática – UFF e outros. Primeira versão publicada na Revista Uniandrade, Vol.3, xi.2 (2002) pp. 1-5. Instituto de Matemática – UFRJ. Rio de Janeiro, 2002.
MEDINA, Luis A., MOLL, Victor H.,	*The integrals in Gradshteyn and Ryzhik. Part 23: Combination of logarithms and rational functions.* Mathematical Sciences, Vol.23 (2012), 1-18. Universidad Técnica Federico Santa María, Valparaíso, Chile.

MENKEN, Hamza, ÇOLAKOGLU, Özge,	*Gauss Legendre Multiplication Formula for p-Adic Beta Function.* Palestine Journal of Mathematics, vol.4 (Spec.1), 2015. Palestine Polytechnic University – PPU 2015.
MILLS, Stella,	*The Independent Derivations by Leonhard Euler and Colin MacLaurin of the Euler-MacLaurin Summation Formula.*
MIRKOSKI, Maikon Luiz,	*Números e Polinômios de Bernoulli.* **Dissertação de Mestrado Profissional. Universidade Estadual de Ponta Grossa. Ponta Grossa, 2018.**
MONÇÃO, Ariel de Oliveira,	*Algumas Propriedades da Função Complexa Gama.* Faculdade de Matemática da Universidade Federal de Uberlândia, Uberlândia, 2019.
MORAIS FILHO, Daniel Cordeiro de,	*"Professor, qual a primitiva de e^x/x?!"(O problema de integração em termos finitos).* Matemática Universitária, no.31 – dezembro 2001 – pp. 143-161.
MUTHUKUMAR, T.,	*Bernoulli Numbers and Polynomials.* 17 Jun 2014.
NEMES, Gergö,	*New asymptotic expansion for the Gamma function.* Archiv der Mathematik 95 (2010), pp. 161-169. Springer Basel AG.
NIJIMBERE, Victor,	*Evaluation of the Non-Elementary Integral $\int e^{\lambda x^\alpha} dx$, $\alpha \geq 2$ and other related integrals.* Ural Mathematical Journal, Vol.3, No.2, 2017.
NUNES, Euderley de Castro,	*A esfera de Riemann: Projeção Estereográfica e aplicações, uma abordagem para o ensino médio.* Dissertação de Mestrado Técnico. Instituto de Ciências Exatas da Universidade Federal do Amazonas. Manaus, 2015.
OLIVEIRA, Gustavo, SANTOS, Elisa R.,	*Aplicações da Teoria dos Resíduos no Cálculo de Integrais Reais.* Universidade Federal de Uberlândia.

OLIVEIRA, Oswaldo Rio Branco de, *Fórmulas de Taylor com resto integral, infinitesimal, de Lagrange e de Cauchy.* IME, Universidade de São Paulo.

OLIVEIRA, Oswaldo Rio Branco de, *Integral na Reta.* IME, Universidade de São Paulo, São Paulo 2019.

PATIN, Jean-Marc, *A Very Short Proof of Stirling's Formula.* The American Mathematical Monthly, February 1989. https://www.researchgate.net/publication/237571154

PATKOWSKI, Alexander E., WOLF, Marek, *Some Remarks on Glaisher-Ramanujan Type Integrals.* Computational Methods in Science and Technology, January 2016.

PAZ, Leandro Barbosa, *Caracterização das Isometrias no Plano através do estudo das transformações de Möbius.* Dissertação de Mestrado Profissional. Centro de Ciências e Tecnologia da Universidade Estadual do Ceará. Fortaleza, 2013.

PÉREZ-MARCO, Ricardo, *On the definition of Euler Gamma Function.* 2021. https://hal.archives-ouvertes.fr/hal-02437549v2

PISKE, Alessandra, *Integração: Riemann e Lebesgue, um estudo comparativo.* Centro de Ciências Tecnológicas da Universidade do Estado de Santa Catarina. Joenville, 2013.

POLLICOTT, Mark, *Dynamical Zeta Functions.*

QI, Feng, ZHAO, Jiao-Lian, *Some Properties of the Bernoulli Numbers of The Second Kind and Their Generating Function.*

RAMPANELLI, Débora, *O Teorema de Liouville sobre Integrais Elementares.* Dissertação de Mestrado. Instituto Nacional de Matemática Pura e Aplicada. Rio de Janeiro, 2009.

ROGERS, L. J., *On Functions Sum Theorems Connected with the Series.* 1906.

ROSSATO, Rafael Antônio, FERREIRA, Vitor Vieira, *Lei dos Expoentes Envolvendo Derivadas e Integrais Fracionárias segundo Riemann-Liouville.* Artigo de Iniciação Científica. Revista

	Eletrônica Matemática e Estatística em Foco, vol.7, no.2, dezembro 2020.
RUSTICK, Andressa,	*Funções Elípticas de Jacobi.* Universidade Tecnológica Federal do Paraná, Toledo, 2015.
SÁNDOR, J.,	*A Bibliography on Gamma Functions: Inequalities and Applications.* Babes-Bolyai University of Cluj, Romania.
SANTOS Jr., Guataçara dos,	*Utilização da Integral Elíptica para a solução dos problemas direto e inverso da Geodésia.* Dissertação de Mestrado. Departamento de Geomática, Setor de Ciências da Terra, Universidade Federal do Paraná. Curitiba, 2002.
SANTOS, José Carlos de Sousa Oliveira,	*Introdução à Análise Funcional.* Departamento de Matemática Pura, Faculdade de Ciências da Universidade do Porto. Porto, julho de 2010.
SANTOS, José Manuel dos, BREDA, Ana Maria D'Azevedo,	*A projeção estereográfica no GeoGebra.* 1ª Conferência Latino Americana de GeoGebra ISSN 2237 – 9657, pp. AA-BB, 2011.
SANTOS, Leandro Nunes dos,	*As Integrais de Riemann, Riemann-Stieltjes e Lebesgue.* Dissertação de Mestrado Profissional. Instituto de Geociências e Ciências Exatas da Universidade Estadual Paulista. 2013.
SANTOS, Marcus Vinicio de Jesus,	*Transformação de Möbius.* Dissertação de Mestrado Profissional. Universidade Federal de Sergipe. São Cristóvão, 2016.
SANTOS, Wagner Luiz Moreira dos,	*A Integral de Riemann Generalizada.* Dissertação de Mestrado. Instituto de Ciências Exatas e Biológicas, Universidade Federal de Ouro Preto. Ouro Preto, abril de 2019.
SASVARI, Zoltan,	*An Elementary Proof of Binet's Formula for the Gamma Function.* The American Mathematical Monthly, Vol.106, No.2, Feb. 1999, pp. 156-158. Mathematical Association of America.

SEBAH, Pascal, GOURDON, Xavier,	*Introduction on Bernoulli's numbers.* June 12, 2002. numbers.computation.free.fr/Constants/constants.html.
SEBAH, Pascal, GOURDON, Xavier,	*Introduction to the Gamma Function.* Fevereiro 4, 2002. numbers.computation.free.fr/Constants/constants.html
SILVA, Brendha Montes,	*A Integral de Lebesgue na Reta e Teoremas de Convergência.* Faculdade de Matemática da Universidade Federal de Uberlândia, 2017.
SILVA, Marcela Ferreira da, ALVES, Marcos Teixeira,	*Transformações de Möebius.* SIGMAT – Simpósio Integrado de Matemática. Ponta Grossa, 16 a 19 de outubro de 2018. UEPG.
SILVA, Mônica Soares da,	*Teorema de Liouville: Uma aplicação na Integração de Funções.* Unidade Acadêmica de Física e Matemática da Universidade Federal de Campina Grande. Cuité, 2019.
SIMÃO, Cleonice Salateski,	*Uma Introdução ao Estudo das Funções Elípticas de Jacobi.* Dissertação de Mestrado Técnico. Universidade Estadual de Maringá, Maringá 2013.
SOUSA, Fernanda Maria Dias,	*A transmissão de conceitos matemáticos para Portugal – Integrais e Funções Elípticas. Dissertação de Mestrado. Departamento de Matemática da Universidade de Aveiro. 2004.*
TAVARES, Américo,	*Problemas	Teoremas – Caderno do Blogue.* 6 de junho, 2009.
TSIGANOV, A. V.,	Leonard Euler: addition theorems and superintegrable systems. Regular and Chaotic Dynamics, October 2008. arXiv:0810.1100v2 [nlin.SI] 18 Oct 2008. http://arxiv.org/abs/0810.1100v2.
VALDEBENITO, Edgar,	*Serret Integral, 1844. Algunas Fórmulas Relacionadas con la Integral de Serret.* Março 5, 2010.
VARDI, Ilan,	*Integrals, an Introduction to Analytic Number Theory.* The American Mathematical Monthly, April 1988, Vol.95, No.4, pp. 308-315.

VARDI, Ilan,	*Integrals, an Introduction to Analytic Number Theory.* The American Mathematical Monthly, Vol.95, No.4, April, 1988, pp. 308-315. Mathematical Association of America.
VELLOSO, Clarice, HAMMER, Daniel, LAVOYER, Leonardo, NASCIMENTO, Lucas, BATISTEL, Thiago,	*Teorema da Integral de Cauchy ou Teorema de Cauchy-Goursat.* Universidade Estadual de Campinas. Campinas, novembro 2019.
VIDUNAS, Raimundas,	*A Generalization of Kummer's Identity.* Journal of Mathematics, Volume 32, Number 2, Summer 2002. Rocky Mountain.
VIDUNAS, Raimundas,	*Expressions for values of the gamma function.* Kyushu University, February 1, 2008. arXiv:math/0403510v1 [math.CA] 30 Mar 2004. **http://arxiv.org/abs/math/0403510v1**
VILLANUEVA, Jay,	*Elliptc Integrals and some applications.* Florida Memorial University, Miami, FL 33054.
VILLARINO, Mark B.,	*Ramanujan's Perimeter of na Ellipse.* Escuela de Matemática, Universidad de Costa Rica, San José, February 1, 2008. arXiv:math/0506384v1 [math.CA] 20 Jun 2005. http://arxiv.org/abs/math/0506384v1
WIDGER Jr., W. K., WOODALL, M. P.,	*Integration of the Planck Blackbody Radiation function.* Bulletin American Meteorological Society, Vol.57, no.10, October 1976.
WILHELM, Volmir Eugênio,	*Apostila de Cálculo IV – Complexos e Séries de Fourier.* Curitiba, 2005.
WILLIAMS, Dana P.,	*Nonelementary Antiderivatives.* Department of Mathematics, Bradley Hall, Dartmouth College, Hanover, NH, 1 December 1993, USA.

WOON, S. C.,	*Analytic Continuation of Bernoulli Numbers, a New Formula for the Riemann Zeta Function, and the Phenomenon of Scattering of Zeros.* arXiv:physics/9705021v2 [math-ph] 31 Jul 1997. **http://arxiv.org/abs/physics/9705021v2**
YAKOVENKO, Sergei,	*Exponencials, Their Origins and Destiny.* Revista Matemática Universitária, vol.2, 2020. Sociedade Brasileira de Matemática.
ZANINOTTO, João Manuel R., SOARES, Maria Zoraide M. C.,	*Séries de Fourier (Uma aplicação da Trigonometria na Engenharia de Telecomunicações).* Laboratório de Ensino de Matemática. Unicamp.
ZHAO, Yifei,	*Weierstrass Theorems and Rings of Holomorphic Functions.*

ANOTAÇÕES

ANOTAÇÕES

Impresso na Prime Graph
em papel offset 75 g/m²
março / 2024